JN006598

機械系コアテキストシリーズ E-2

機械設計工学

村上　存・柳澤 秀吉

共著

▼

コロナ社

機械系コアテキストシリーズ
編集委員会

編集委員長

工学博士　金子　成彦 (東京大学)

〔B：運動と振動分野 担当〕

編集委員

博士 (工学)　渋谷　陽二 (大阪大学)

〔A：材料と構造分野 担当〕

博士 (工学)　鹿園　直毅 (東京大学)

〔C：エネルギーと流れ分野 担当〕

工学博士　大森　浩充 (慶應義塾大学)

〔D：情報と計測・制御分野 担当〕

工学博士　村上　存 (東京大学)

〔E：設計と生産・管理 (設計) 分野 担当〕

工学博士　新野　秀憲 (東京工業大学)

〔E：設計と生産・管理 (生産・管理) 分野 担当〕

2017 年 3 月現在

このたび，新たに機械系の教科書シリーズを刊行することになった。

シリーズ名称は，機械系の学生にとって必要不可欠な内容を含む標準的な大学の教科書作りを目指すとの編集方針を表現する意図で「機械系コアテキストシリーズ」とした。本シリーズの読者対象は我が国の大学の学部生レベルを想定しているが，高等専門学校における機械系の専門教育にも使用していただけるものとなっている。

機械工学は，技術立国を目指してきた明治から昭和初期にかけては力学を中心とした知識体系であったが，高度成長期以降は，コンピュータや情報にも範囲を広げた知識体系となった。その後，地球温暖化対策に代表される環境保全やサステイナビリティに関連する分野が加わることになった。

今日，機械工学には，個別領域における知識基盤の充実に加えて，個別領域をつなぎ，領域融合型イノベーションを生むことが強く求められている。本シリーズは，このような社会からの要請に応えられるような人材育成に資する企画である。

本シリーズは，以下の5分野で構成され，学部教育カリキュラムを構成している科目をほぼ網羅できるように刊行を予定している。

A：「材料と構造」分野

B：「運動と振動」分野

C：「エネルギーと流れ」分野

D：「情報と計測・制御」分野

E：「設計と生産・管理」分野

　また，各教科書の構成内容および分量は，半期2単位，15週間の90分授業を想定し，自己学習支援のための演習問題も各章に配置している。

　工学分野の学問内容は，時代とともにつねに深化と拡大を遂げる。その深化と拡大する内容を，社会からの要請を反映しつつ高等教育機関において一定期間内で効率的に教授するには，周期的に教育項目の取捨選択と教育順序の再構成が必要であり，それを反映した教科書作りが必要である。そこで本シリーズでは，各巻の基本となる内容はしっかりと押さえたうえで，将来的な方向性も見据えることを執筆・編集方針とし，時代の流れを反映させるため，目下，教育・研究の第一線で活躍しておられる先生方を執筆者に選び，執筆をお願いしている。

　「機械系コアテキストシリーズ」が，多くの機械系の学科で採用され，将来のものづくりやシステム開発にかかわる有為な人材育成に貢献できることを編集委員一同願っている。

　2017年3月

　　　　　　　　　　　　　　　　　　　　編集委員長　金子　成彦

　設計とは，運動と振動，材料と構造，エネルギーと流れ，情報と計測・制御
など，さまざまな分野の技術や知見を総合し，人々の生活や社会に貢献する製
品（モノ，コト）を創り出す知的行為である。したがって，実社会や産業界に
おける設計は，工学や技術に加え，人々のニーズや市場，審美性，経済性，社
会受容性など，さまざまな要因が総合されたものである。その中で，機械工学
を学び始める大学の学部学生や高等専門学校の学生にとって必須な内容は何
か，それをどう説明すればわかりやすいかを考えて，著者らが東京大学の学部
2年生を対象に行ってきた機械設計の講義内容を再構成したものが本書である。

　以上の観点から，本書は1〜4章，10章，11章を村上，5〜9章を柳澤が
担当し，大きくつぎの五つの内容で構成した。

　一つめは，これから学ぶ「設計」とは何かという導入的な内容で，1章がそ
れに当たる。工学における設計，機械の設計とは，何をどのように考える行為
であるか，という観点から，機械の設計における，機能，挙動，構造の概念
と，概念設計，実体設計，詳細設計という設計の過程について説明し，機械工
学を学び始める学生にとっても理解容易な具体例を取り上げている。

　二つめは，設計した機械を製造するための材料と加工法に関する内容であ
り，2章がこれに当たる。設計した機械が実現する機能は，部品にどのような
形状や性質を持たせ，それをどのような構成で組み立てるかにより決定され
る。そして，部品にどのような形状や性質を持たせ，どのように組み立てられ
るかは，使用する材料や加工法により決定される。そのような観点から，機械
の設計において考慮すべき，強度，剛性，硬さなどの材料の基本的な性質，代

表的な材料と加工法の種類や性質について説明している。

　三つめは，代表的な機械要素の種類と，それに関する基本的な理論，使い方に関する内容であり，3〜8章がこれに当たる。さまざまな機械において共通的に用いられる機能，挙動，構造の要素は，機械要素として用意されており，それをうまく活用することにより，優れた機械を効率的に低コストで設計，製作することができ，また経時変化や故障に対する交換部品の入手も容易で，メンテナンス性も向上する。そのような観点から，機械における最も基本的な機能の一つである運動，動力の伝達に関係する代表的な機械要素として，軸，軸受，歯車，キー，スプライン，セレーション，軸継手，ねじ，運動の変換，サーボモータの基本的な理論や使い方について説明している。

　四つめは，製品を使用する人間について考慮して設計する考え方に関する内容であり，9章がこれに当たる。製品の設計において，使用する人間にとっての安全，わかりやすさ，使いやすさを考慮することは重要であり，それに関連する項目として，人間工学，ユーザビリティ，アフォーダンス，安全設計の指針について説明している。

　五つめは，より優れた設計を行うための考え方に関する内容であり，10章，11章がこれに当たる。ここでは，故障することなく機能を確実に実行できる機械を設計するための「信頼性設計」，決められた条件の範囲内で最良の製品を設計するための「最適設計」，機械の製作における誤差や，温度，振動，荷重など使用条件の不確定要因を想定した上で最良の設計を行う「ロバスト設計」の基本について，学生にとっても理解容易な具体例を取り上げながら説明している。

　本書が，機械工学を学び始める学生にとって，設計について興味を持ち，理解を深める一助となることを願っている。

　末筆ながら，本書執筆の機会をいただいたコロナ社に，心から謝意を表する。
2019 年 12 月

　　　　　　　　　　　　　　　　　著者を代表して　村上　存

目　次

3章　動力・運動の伝達1：軸の設計

4章　動力・運動の伝達2：軸受の設計

9章　人と機械の適合

10章　信　頼　性　設　計

1章 ▶ 設計とは

◆本章のテーマ

「設計」は一般的に使われる言葉であるが，工学における設計，機械の設計とは，何をどのように考える行為であるか，を理解することは，直感的だけでなく系統的に優れた設計を行うために有効である。本章の目的は，機械の設計における，機械の機能，挙動，構造の概念と，概念設計，実体設計，詳細設計という設計の過程について理解し，それらを用いて優れた設計を系統的に行う方法を学ぶことである。

◆本章の構成（キーワード）

1.1 設計の内容
設計，機能，挙動，構造，要求される機能，有害な機能，副作用

1.2 設計の過程
概念設計，実体設計，基本設計，詳細設計

1.3 設計の例：空き飲料容器選別システム
見かけ比重，ふるい選別，風力選別，磁気選別，渦電流選別，光学選別

1.4 機械要素と規格
機械要素，日本産業規格，JIS，ANSI 規格，DIN 規格，国際標準化機構，ISO，国際規格

◆本章を学ぶと以下の内容をマスターできます

☞ 設計という行為の内容の理解

☞ 機械の機能，挙動，構造により系統的に設計を行う方法

☞ 概念設計，実体設計，詳細設計により系統的に設計を行う方法

1.1 設 計 の 内 容

設計（design）という言葉は，本書で中心的に扱われる「機械設計」以外に，「人生設計」などとも使われる。このような広義の「設計」は，例えば「目標を達成し，機能を果たすために，ものはいかにあるべきか，を考え決定すること」[1] †などと表現できるだろう。そして，本書の対象である機械設計については，つぎに示す**機能**（function），**挙動**（behavior），**構造**（structure）の三つの要素に分けて問題を考えることが提案されている[2]。

・機能：機械が，使用者の意図や目的に沿って果たす役割

・挙動：機能を実現するために利用できる現象

・構造：目的の挙動を生じる，ものの性質（形状，材質など）

例えば，部屋を掃除するために「ごみを取る」という機能は，ごみを吸い取る「空気の流れ」という挙動により実現することができ，そのような挙動を確実，効率的に生じるための構造として，いわゆる「掃除機」の構造を考えることができる（**図 1.1**）。この場合，「設計」は「達成したい機能を実現するための挙動を考案し，その挙動を生じる構造を考案，決定すること」と表現できる。

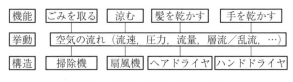

図 1.1 機能，挙動，構造の例

機械の設計における，機能，挙動，構造の関係には，つぎのような特徴がある。

・機能，挙動，構造の対応は一対一ではない。「空気の流れ」という挙動は，「涼む」，「髪を乾かす」，「手を乾かす」といった異なる機能も実現しうる

---

†　肩付き数字は巻末の引用・参考文献番号を表す。

（図 1.1）。また，「ごみを取る」という機能は，「空気の流れ」という挙動
以外にも，例えば「粘着」という挙動で実現可能で，その挙動を生じる構
造として「柄のついた粘着ローラー」などを考えることができる。

・一つの構造や挙動が，目的とする機能だけでなく，有害な機能（副作用）
を生じる場合がある。例えば，鉄道のホームは雨天時などの水はけを良く
するために，線路に向かってわずかな傾斜面となっている場合がある。そ
れによって本来の目的である排水は促進されるが，傾斜により車椅子やベ
ビーカーが転落する危険も生じており（**図 1.2**），駅のホームには注意喚
起のための掲示がされている場合がある。

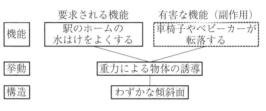

図 1.2　要求される機能と有害な機能

したがって設計においては，目的の機能を実現しうる複数の挙動，構造の中
から，総合的に目的によく合致するだけでなく，有害な副作用は生じないか，
生じても許容範囲内であるような解を選択する必要がある。

1.2 設 計 の 過 程

設計の過程は，検討し決定する内容により，つぎの 3 段階に分けて考えるこ
とが多い[3),4)]。

〔1〕 **概念設計**（conceptual design）　　必要な機能を考え，それを実現す
るための挙動や構造について，適切な原理を探索し，それらを組み合わせて，
理論的，技術的に実現可能な全体の大まかな構成を創案する。

〔2〕 **実体設計**（embodiment design）または**基本設計**（preliminary design）

概念設計の内容について，経済的現実性や，構造が実体として存在可能であ
ることを確認するため，基本的な仕様，形態やレイアウトなどを決定する。

〔3〕 **詳細設計**（detail design）　実体設計の内容について，個々の部品の
寸法，材質など，製作に必要な情報すべてを決定し，図面や生産に必要な文書
として記述する。

1.3　設計の例：空き飲料容器選別システム

ここで具体例として，混在して回収された4種類の空き飲料容器（スチール
缶，アルミニウム缶，ガラス瓶，**PET**（polyethylene terephthalate）ボトル）
を，自動的に選別するシステムを設計する問題を考える。4種類の空き飲料容
器の形状と大きさはほぼ同じであるとし，それらは飲料容器の形態のまま搬入
され，選別の過程で破砕されず，元の形態のまま搬出されるものとする（**図**
1.3）。

図1.3　空き飲料容器選別システム

表1.1　飲料容器のデータ

容器（350 ml）	容器の質量	容器の見かけ比重	主材料の比重
スチール缶	約 30 g[*]	約 0.086	7.9
アルミニウム缶	約 20 g[*]	約 0.057	2.7
ガラス瓶	約 300 g[**]	約 0.86	2.5
PET ボトル	約 25 g[***]	約 0.071	1.4

〔注〕　 * 日本鉄鋼連盟（http://www.jisf.or.jp/）
　　　 ** 日本ガラスびん協会（http://glassbottle.org/）
　　　*** PET ボトルリサイクル推進協議会（http://www.petbottle-
　　　　　rec.gr.jp/）（URL は 2019 年 11 月現在）

　飲料のスチール缶，アルミニウム缶，ガラス瓶，PET ボトルの容器の質量，容器の見かけ比重（容器の質量を，容器内部の空間を含めた容器全体の体積で除した値），主材料の比重を**表1.1**に示す。また，この設計問題を考える上で参考となる，実際の廃棄物処理，再資源化におけるおもな選別の方法を**表1.2**に示す。表1.1の値から，例えば水に浮くか沈むかで選別する方法は，内部に水が入らない状態では容器の見かけ比重からすべて浮かび，内部が水で満ちた状態では主材料の比重からすべて沈むので，無効であることがわかる。

表1.2　おもな選別の方法[5),6)]

選別方法	利用する性質	説　　明
ふるい選別	粒子径	網やフィルタの開口より小さい物体のみが通過することを利用する。
風力選別	見かけの比重	送風により見かけの比重が小さいものほど遠くに飛ばされることを利用する。
磁気選別	磁性	磁性を有する材料が磁気的に吸引されることを利用する。
渦電流選別	導電性	時間変化する磁界中に置かれた良導体中に発生する渦電流が，変化磁界に反発する方向の磁界を生じ，良導体は変化磁界から反発力を受け運動することを利用する。
光学選別	色，反射率，透過率など	光を当て，その反射や透過の有無，色の成分を光学的に計測し利用する。

　概念設計の過程で，考えつく可能性のある選別方法と，その方法の問題点の例を，以下に示す。

・選別方法：飲料容器に電極を当て，通電すればスチール缶かアルミニウム缶，しなければガラス瓶か PET ボトルであると選別する。
・問題点：スチール缶やアルミニウム缶の表面にプリントがされていた場合，そのプリントは通電するかどうか。

・選別方法：飲料容器に光を当て，透過すればガラス瓶か PET ボトル，しなければスチール缶かアルミニウム缶であると選別する。

・問題点：濃い色のガラス瓶にも適用可能かどうか。また，ガラス瓶や PETボトルの表面にラベルシール（の一部）が付着していた場合にどうなるか。

・選別方法：飲料容器の重さを量り，重ければガラス瓶，軽ければスチール缶，アルミニウム缶，PETボトルのいずれかであると選別する。
・問題点：ベルトコンベヤで多数の飲料容器を搬送する場合，一つずつ重さを量れるか。一つずつ正確に重さを量るためには，処理速度（個数／時間）が低下しないか。

これらの案は，理論的には可能であるが，問題点も有する点で，実用的には十分に良い案とはいえない可能性がある。設計においては，理論的に可能であることは必要条件であるが，実用的にも最良（に近い）であることが十分条件であるといえるだろう。

このような点を考慮した概念設計の一つを**図 1.4**に示す。まず，4種類の飲料容器の中で磁性を有するスチール缶を磁気選別する。残り3種類について，導電性を有するアルミニウム缶を渦電流選別する。残ったガラス瓶と PET ボトルは見かけ比重が大きく異なるので，PET ボトルを風力選別する。

この概念設計の結果について，つぎに実体設計を行い，概念設計の内容の経済的現実性や，構造が実体として存在可能であることを確認するために，基本

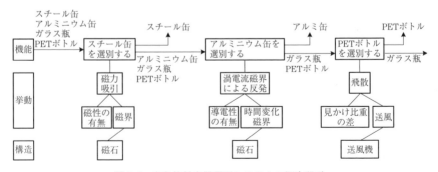

図 1.4 空き飲料容器選別システムの概念設計

的な仕様，形態やレイアウトなどを決定する。図1.4の概念設計の内容に基づき実体設計を行うと，例えば**図1.5**に示すようなシステムの具体的な形態，レイアウトを得ることができる。

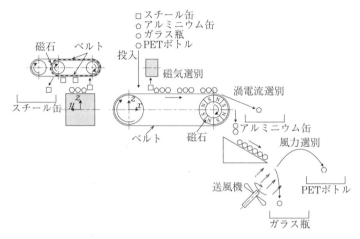

図1.5 空き飲料容器選別システムの実体設計

　実体設計の結果，経済的現実性や実体としての存在可能性が確認できたら，詳細設計を行い，システム全体の構成から，個々の部品の寸法，材質，ボルトなどによる部品の締結，固定のような詳細に至るまで，製作に必要な情報すべてを決定し，**CAD**（computer-aided design）の3-Dモデルや図面などの文書を作成する。

1.4 機械要素と規格

　機械設計においては，以上のように概念設計，実体設計，詳細設計の過程を経て，設計解の機能，挙動，構造を考案，決定するが，そのすべてを設計者が白紙から考案する必要はない。さまざまな機械において共通的に用いられる機能，挙動，構造の要素は，つぎのように**機械要素**（machine element）として用意されている。

部品を確実に締結，固定する　→　**ボルト**（bolt），**ナット**（nut）

運動する物体を，小さい摩擦で支持する　→　**軸受**（bearing）

　そして，機械要素は**日本産業規格**（Japanese Industrial Standards, JIS），**米国国家規格協会**（American National Standards Institute, ANSI）の ANSI 規格，**ドイツ規格協会**（Deutsches Institut für Normung, DIN）の DIN 規格など各国の規格や，**国際標準化機構**（International Organization for Standardization, ISO）の国際規格（International Standard）IS によって標準化されている。

　そのような規格部品は量産効果により品質が高く，価格が低い。独自の機能，性能の追求に必要な部品は独自設計し，そうでない部品は規格部品を使用することによって，優れた機械を効率的に低コストで設計，製作できる。また，経時変化や故障に対する交換部品の入手も容易でコストも低く，メンテナンス性も向上する[7]。

　本書では，以降の章において，機械設計において用いられるおもな機械要素について説明している。

コーヒーブレイク

規格の有効性[8]

　日本の陸軍が太平洋戦争を通じて使っていた三八式歩兵銃は，職人が1丁ずつ部品を調整して作っていたので，同一工場の製品の間でしか互換性がない。

　一方，アメリカでは 1815 年以降，軍が発注するすべての銃器は互換性を持つことが，契約の条件の一つになっている。1824 年に，互換性をチェックするために，全米各地から集められた銃器をすべてばらばらにし，無作為に選んで組み立てることを試み，完全に成功したという。

演 習 問 題

〔1.1〕　食塩，砂鉄，（砂鉄を含まない）砂の混合物を，食塩，砂鉄，砂に選別する方法を概念設計せよ。自動化システムでなく，手作業の組合せで構成される方法でよい。

2章 設計と材料・加工法

▶

▶

◆ 本章のテーマ

　設計した機械が目的とする機能を実現するためには，適切な形状や構造の機械やその部品を，適切な材料で製作する必要がある。そのために適した加工法は，使用する材料や製作する形状や構造によって異なる。また，近年の機械設計では，使用時の機械の機能，性能だけでなく，廃棄時の材料の環境負荷までを考慮することが重要となっている。本章の目的は，そのような設計と材料，加工法に関する基本を学ぶことである。

◆ 本章の構成（キーワード）

　2.1　機械設計において考慮する材料の性質
　　　　機械的性質，物理的性質
　2.2　代表的な機械材料
　　　　鉄鋼材料，非鉄金属材料，高分子材料，無機材料，複合材料，機能性材料
　2.3　代表的な加工法
　　　　除去加工，変形加工，付加加工
　2.4　熱処理
　　　　焼入れ，焼戻し，高周波焼入れ，浸炭焼入れ，焼なまし
　2.5　ライフサイクル設計
　　　　リユース，リサイクル，リデュース

◆ 本章を学ぶと以下の内容をマスターできます

☞　設計における機能，形状・構造，材料，加工法の関係
☞　機械設計における代表的な材料
☞　機械設計における代表的な加工法
☞　材料の熱処理
☞　環境を考慮した設計の考え方

2.1 機械設計において考慮する材料の性質

設計した機械が目的とする機能を実現するためには，適切な材料で構成された適切な形状や構造の機械やその部品を，適切な加工法で製作する必要がある（**図 2.1**）。機械や部品が必要な性質を有するかどうかは，形状，構造と材料により総合的に決定される。本章ではまず，材料に関して考慮すべき性質を説明し，つぎに機械設計に用いられる代表的な材料と加工法について概説する。

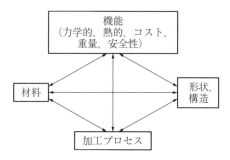

図 2.1 機械設計における材料選択の基礎因子 [1]

機械設計においては，おもに以下のような材料の性質について考慮する必要がある。

2.1.1 材料の機械的性質

〔1〕 **強　度**　機械部品が荷重に対して破壊せず，また永久変形が残らない性質を**強度**（strength）という。破壊しないことに関する材料の物性値が**引張強さ**（tensile strength）〔N/mm^2〕，永久変形が残らないことに関する材料の物性値が**降伏点**（yield point）〔N/mm^2〕であり，それぞれ値が大きい方が破壊（永久変形）しにくい。

〔2〕 **剛　性**　機械部品の用途によっては，必要な強度を有するだけでなく，荷重による変形が小さいことが求められる。この変形のしにくさを**剛性**（stiffness）という。剛性に関する材料の物性値が**縦弾性係数**（modulus of longitudinal elasticity)（**ヤング率**（Young's modulus））〔N/mm^2〕などであり，値が大きい方が変形しにくい。

〔3〕**硬　　さ**　表面に局所的に力を加えたとき，へこみや傷が付きにくい性質を**硬さ**（hardness）という。硬さに関する材料の物性値には，**ブリネル硬さ**（Brinell hardness）や**ビッカース硬さ**（Vickers hardness）があり，いずれも値が大きい方が，硬さが大きくへこみや傷が付きにくい。

〔4〕**靭　　性**　前述の強度は静的あるいは緩やかに変化する力に対する破壊しにくさであるのに対し，急激に加わる力に対する破壊しにくさを，粘り強さ，**靭性**（toughness）という。靭性に関する材料の物性値が**シャルピー衝撃値**（Charpy impact value）〔J/cm^2〕であり，値が大きい方が粘り強い。

2.1.2　材料の物理的性質

〔1〕**密　　度**　材料の質量，重さに関する物性値が**密度**（density）〔g/cm^2〕であり，値が大きい方が質量が大きい。機械部品は，運動に要するエネルギーや制御性の点で，一般に軽量であることが有利であるが，必要な強度を満たした上での軽量化でなければならないため，引張強さ／密度＝**比強度**（specific strength）〔N·m/kg〕も検討に用いられる（値が大きい方が，質量が小さい割に強い）。

〔2〕**融　　点**　外部や内部が高温で使用される部品は，その高温に耐える必要があり，それに関する材料の物性値が**融点**（melting point）〔℃〕である。

〔3〕**熱　膨　張**　温度が上がると長さや体積が増加する性質を**熱膨張**（thermal expansion）という。熱による伸びに関する材料の物性値が**線膨張係数**（coefficient of linear thermal expansion）〔℃$^{-1}$〕であり，値が大きい方が伸びやすい。温度変化による変形を小さくしたい場合は，線膨張係数が小さい材料が有利であり，温度変化を変位として取り出すなどの場合は線膨張係数が大きい材料が有利である。

〔4〕**熱伝導**（thermal conduction）　材料内部での熱の伝えやすさに関す

る材料の物性値が**熱伝導率**（thermal conductivity）〔W/(m·K)〕であり，値が大きい方が熱を伝えやすい。冷却など熱を逃がしたい場合は熱伝導率が大きい材料が有利であり，保温など熱を蓄えたい場合は熱伝導率が小さい材料が有利である。

〔5〕　**導電性**（electrical conductivity）　　材料内部での電気の流れやすさに関する材料の物性値が**電気抵抗率**（electrical resistivity）〔Ω·m〕であり，値が小さい方が電気が流れやすい。電線の材料については電気抵抗率のほか，空中を張る場合は重さや強度も総合的に考慮して材料を選択している。

以上のほか，目的に応じて材料の磁性，さび，腐食しにくい**耐食性**（corrosion resistance）など化学的特性，**生体適合性**（biocompatibility）などを総合的に考慮して材料の選択を行う。

2.2 　代表的な機械材料

機械設計において用いられる代表的な機械材料の分類を**表2.1**に，材料の物

表2.1　代表的な機械材料の分類[2]

金属材料	鉄鋼材料	炭素鋼	一般構造用圧延鋼材（SS 400など）
			機械構造用炭素鋼鋼材（S 45 Cなど）
		合金鋼	ステンレス（SUS 304など）
		鋳鉄	ねずみ鋳鉄（FC 200など）
	非鉄金属材料	アルミニウム合金	ジュラルミン（A 2017など）
		銅合金	黄銅（C 2801など）
		マグネシウム合金	MC 2 C（AZ 91 C）など
		チタン合金	Ti-6Al-4V合金など
非金属材料	高分子材料	プラスチック	ポリメタクリル酸メチル（アクリル樹脂），ポリ塩化ビニル，ポリカーボネートなど
		ゴム	天然ゴム，合成ゴムなど
	無機材料	セラミックス	旧セラミックス，ファインセラミックス
		ガラス	ソーダ石灰ガラス，石英ガラスなど
特殊材料	複合材料	繊維強化プラスチック	CFRPなど
	機能性材料	形状記憶合金	Ti-Ni系形状記憶合金など

表 2.2 材料の物性値[3]~[6]

材料	引張強さ〔N/mm²〕(MPa)	降伏点または耐力〔N/mm²〕	縦弾性係数〔×10³ N/mm²〕(GPa)	密度〔g/cm³〕	融点〔℃〕	線膨張係数〔×10⁻⁶ ℃⁻¹〕	熱伝導率〔W/(m·K)〕	電気抵抗率〔×10⁻⁸ Ω·m〕
鉄*	412		211	7.87	1 536	12.1	78	9.71
SS 400	400~510	205~						
S 45 C（焼入れ・焼戻し）	690~	490~						
ねずみ鋳鉄 FC 200	200~		74~117	7.1~7.3	1 150~1 250	10~11	44~58.6	
ステンレス SUS 304	520~	205~	193	7.9		17.3		
アルミニウム*	32~127		70.8	2.7	660	23.5	238	2.65
ジュラルミン A 2017	215~	110~	73					
アルミニウム合金 A 5052	175~	65~	71					
銅*	265		129	8.96	1 083	17	397	1.69
黄銅 C 2600	304~510	147~441	115	8.53		20	120	
黄銅 C 2801	333~578	137~441	105			20	120	
マグネシウム*	123		44.3	1.74	650	26	156	4.45
鋳造用マグネシウム合金 MC 2 C	160	70						
チタン*	248		96.1	4.5	1 668	8.9	22	42
Ti-6 Al-4 V 合金	1 070	1 000						
ポリメタクリル酸メチル（PMMA, アクリル）	49~77		2.66~3.15	1.19		5.0~9.0	0.16~0.26	
ポリ塩化ビニル（PVC）	42~53		2.45~4.20	1.47		5.0~10.0	0.15~0.21	

表 2.2　（つづき）

材　　料	引張強さ〔N/mm²〕(MPa)	降伏点または耐力〔N/mm²〕	縦弾性係数〔× 10³ N/mm²〕(GPa)	密　度〔g/cm³〕	融　点〔℃〕	線膨張係数〔× 10⁻⁶ ℃⁻¹〕	熱伝導率〔W/(m·K)〕	電気抵抗率〔× 10⁻⁸ Ω·m〕
ポリカーボネート（PC）	56 〜 67		2.10 〜 2.45	1.2		6.6	0.19	
天 然 ゴ ム（NR）	3 〜 30			0.91 〜 0.93				
ニトリルゴム（NBR）	5 〜 25			1 〜 1.2				
ガラス（ソーダ石灰ガラス）	73		72	2.5		9	0.55 〜 0.75	
炭素繊維強化プラスチック（CFRP）	300 〜 1 500		55 〜 450	1.5 〜 1.7		1.7 〜 2.5		

〔注〕　＊純金属

性値を**表 2.2**に示す。

2.2.1　金 属 材 料

　金属は熱や電気をよく伝える性質や，薄く箔状に広げられる**展性**（malleability），細く引き伸ばせる**延性**（ductility）を有する。

〔1〕　**鉄 鋼 材 料**　金属材料の中で，鉄は強度が大きく，安価であり，リサイクルしやすいことから，最もよく使われる。純粋な鉄は硬さが十分でないため，炭素を加えたものが用いられる。炭素量により，純鉄（0 〜 0.02％），軟鋼（0.02 〜 0.3％），硬鋼（0.3 〜 2.1％），鋳鉄（2.1 〜 6.7％）に分類される。

　（a）　**炭素鋼**　鉄，炭素のほか，降伏点と引張強さを増す効果のあるケイ素，靭性を高める効果のあるマンガン，靭性を低下させるなどの問題があるが材料製造の過程でやむなく混入するリンと硫黄，の 5 元素のみで構成されるも

のを炭素鋼という。

1） 一般構造用圧延鋼材（SS 材）（SS 400 など） 安価で市販性も良く，汎用的に最もよく使用される。SS に続く 3 桁の数字は引張強さ〔N/mm^2〕の最小保証値を表す。加工性，溶接性は良好であるが，炭素量が少なく焼き（2.4節）は入らない。

2） 機械構造用炭素鋼鋼材（S-C 材）（S 45 C など） SS 材と同様に市販性が良く，ボルト・ナットなど，ある程度の強度，硬さが必要な場合に使われる一般的な鋼材である。S に続く 2 桁の数字は炭素量 % を 100 倍したもの（S 45 C は炭素 0.45%）で，それに続く C は炭素を表す。炭素量 0.3% 以上のものは熱処理の効果が高く，それにより機械的性質を変えられるため，SS 材のような引張強さの規定はされていない。加工性は良好であるが，溶接は，炭素量 0.3% 以上では割れが生じたり，焼きが入り硬くなり加工性が低下するので，できるだけ避ける。

（b） 合金鋼 炭素鋼を構成する 5 元素に，クロム，ニッケル，モリブデン，タングステンなどの金属を加えたものを合金鋼という。

・**ステンレス**（SUS 304 など） **ステンレス**（stainless）は「汚れ，さびが少ない」を意味し，SUS は Steel Use Stainless の略で，3 桁の数字は種類番号を表す。炭素鋼の 5 元素にクロムとニッケルを加えた合金で，さびに強い耐食性を有する。耐熱性があり 600℃ まで使用できる。溶接は可能であるが，ひずみや割れが発生しやすく，溶接箇所の耐食性が低下する。磁性がないので磁石にはつかない。生体用ステンレス鋼は生体適合性を有するが，長期間の体内埋入では腐食を起こすことがあり，ニッケルによるアレルギーを起こすことがある[7]。

（c） 鋳 鉄 鋳造による成形を特徴とする材料である。炭素鋼や合金鋼は引張りと圧縮に同等な強度を有するが，鋳鉄は圧縮に対しては引張りに対する強さの 3 〜 4 倍の強さを有する。

・**ねずみ鋳鉄**（FC 200 など） FC は**鉄**（ferrum）と**鋳造**（casting）を表し，3 桁の数字は引張強さ〔N/mm^2〕の最小保証値を表す。炭素量が多い

ため，融点が下がり，鋳型の中での流動性が良く，硬さも向上する。鋳鉄特有の黒鉛が潤滑剤として機能するため，耐摩耗性が良い。振動吸収性があるので，工作機械のテーブルなどにも適する。加工性は良好であるが，炭素量が多いためもろく，割れが発生しやすいので，溶接は困難である。

〔2〕 **非鉄金属材料**

（**a**）　**アルミニウム合金**　　鉄と比べ軽く，耐食性があるため，鉄のつぎに多く使われる。**アルミニウム**（aluminium）の A と 4 桁の数字で表され，上位 1 桁目は合金の種類（1000 系：純 Al，2000 系：Al-Cu-Mg 系合金，3000 系：Al-Mn 系合金，4000 系：Al-Si 系合金，5000 系：Al-Mg 系合金など），2 桁目は制定順位，最後の 2 桁は種類番号を表す。線膨張係数は鉄の約 2 倍であるため，温度変化による寸法変化には注意を要する。熱伝導率は銀，銅に次ぎ，それらより安価なアルミニウムが，放熱のための冷却フィンなどに多く用いられる。非磁性であるため磁石には付かない。

　1）　**2000 系**（ジュラルミン A 2017 など）　　鋼に近い引張強さ，降伏点を持つ熱処理強化合金であるが，銅を多く含むため耐食性は良くない。加工性は良好であるが，銅を含むため溶接は困難である。

　2）　**5000 系**（A 5052 など）　　耐食性に優れた非熱処理型合金であり，アルミニウム合金の中で，構造部品など最も多く使われている。加工性は良好で，溶接も可能である。

（**b**）**銅合金**　　熱伝導率と導電率に優れる性質を生かした用途が多いが，高価であるため構造部品として使われることは多くない。耐食性に優れ，非磁性であるため磁石には付かない。**銅**（copper）の C と 4 桁の数字で表され，上位 1 桁目は合金の種類（1000 系：純 Cu，高 Cu 系合金，2000 系：Cu-Zn 系合金，3000 系：Cu-Zn-Pb 系合金など），続く 3 桁は銅固有の記号である。

　・**2000 系**（黄銅，真鍮）　　合金の比率により，銅 70%，亜鉛 30% の 70/30 黄銅（C 2600），銅 60% と亜鉛 40% の 60/40 黄銅（C 2801）などがあり，銅の比率が下がると引張強さと硬さが増す。

（**c**）　**マグネシウム合金**　　金属の中で密度が最も小さく軽い。比強度も最

大なので，ノートパソコンや高級カメラの筐体に用いられている。マグネシウム合金の記号は JIS で規定されている（例：MC 2 C）が，組成のわかりやすさから，前半の英字でおもな添加元素を，続く数字でそれぞれの添加割合を表す，ASTM（米国材料試験協会）による記号（例：AZ 91 C）が広く用いられている。例えば AZ 91 C は，アルミニウム 9%，亜鉛 1% であることを示し，最後の C は不純物の許容程度を示している。

・**鋳造用マグネシウム合金 MC 2 C**（AZ 91 C）　　靱性があり鋳造性も良い。一般用鋳物，ギヤボックス，テレビカメラ用部品などに用いられる。

（**d**）　**チタン合金**　　強さは鉄と同等であり，鉄の約半分の重さで，耐食性がある。耐熱性も高く，航空機やロケットにも用いられる。また，アレルギー性が低く生体適合性にも優れている。

・**Ti-6Al-4V 合金**　　アルミニウム，バナジウムとの合金であり，米国でジェットエンジンのために開発された。この合金は**ロクヨン**と呼ばれ，強度，加工性，溶接性，鋳造性などの特性を持ち，チタン合金の中で最も広く使われている。

2.2.2　非金属材料

〔1〕　高分子材料

（**a**）　**プラスチック**　　プラスチックとは，合成樹脂に添加剤を配合した合成物の総称である。一般的には熱を加えると変形する性質を持つため，成形加工が容易で，複雑な形状の物でも安価に大量生産できる。金属に比べ強さ，硬さ，耐熱性は低いが，軽いために比強度の点では優れ，耐食性も高い。透明性があり，自由に着色できる。日用品などに一般的に使用される汎用プラスチックと，それよりも強度や耐熱性が必要とされる用途に使用されるエンジニアリングプラスチック（略称：エンプラ）がある。

1）　**ポリメタクリル酸メチル**（アクリル樹脂）　　透明性が高い汎用プラスチックである。耐熱温度は 70 〜 90℃ と低く，薄板状のカバーなどでは衝撃によりひびが入りやすい。

2) ポリ塩化ビニル（略称：塩ビ）　　アクリル樹脂に比べ，安価で衝撃に対して強い汎用プラスチックである。耐熱温度は 60 〜 80℃ である。

3) ポリカーボネート　　アクリル樹脂には劣るが目視レベルでは問題ない透明性を有し，強度があり衝撃にも強いエンジニアリングプラスチックである。耐熱温度は− 100 〜 120℃ で，自動車のヘッドライトやサングラスのレンズなどに用いられる。

（b）　ゴ　ム　　一般固体の弾性と異なり，大きなゴム弾性を有することが最大の特徴である。ヤング率が低く，電気絶縁性に優れるが，劣化により弾性を失い，硬くなったりひびが入ったりする。シールや防振に用いられる。使用温度範囲や耐油性などに注意が必要である。

1) 天然ゴム　　ゴムの木が分泌するラテックスを原料とするゴムで，良好な機械的強度，耐摩耗性，耐寒性を有し，各種のバランスがとれているが，耐油性，耐候性，耐熱性が低い。

2) ニトリルゴム　　石油から作られる合成ゴムで，耐油性，耐摩耗性，耐熱性に優れる。O リングやガスケットなどのシール材などに用いられる。

〔2〕　無 機 材 料

（a）　セラミックス（ceramics）　　"ceramics" とは焼き物という意味であり，硬く，摩耗しにくく，耐久性，耐食性があり，燃えないなどの特長がある。土や粘土などの天然素材を窯などで焼いたものを旧セラミックス，酸化チタンなどの人工材料を焼成炉で焼成したものをファインセラミックスと区別することがある。ファインセラミックスは，硬さや耐熱性を生かしたエンジン用部品や，化学的安定性，生体適合性を生かした人工骨や人工関節にも用いられる。

（b）　ガラス（glass）　　無機物質を溶融し，結晶化することなく冷却した過冷却の液体である。性質は組成により決まるが，一般的には硬くて傷が付きにくく，耐薬品性に優れ腐食せず，加工性や成形性も良好である。固体で光を通す数少ない物質であり，板ガラスでは可視光線の 90% は透過する。

1) ソーダ石灰ガラス　　原材料に石灰を多く使い，窓ガラス，ビンなど日

常的に多く用いられる基本的なガラスである。成形，加工が容易で，安価である。硬いがもろく，屈折率が低く，透明感にもやや欠ける。

2) **石英ガラス** 純ケイ酸のみから成り，熱膨張係数の小さい耐熱性に優れたガラスである。溶解温度が高いため，製造，加工とも困難であるが，温度の急変に耐え，高温でも使用でき，紫外線をよく透過するなどの特長を持つ。半導体，光ファイバ，スペースシャトルの窓などに使われている。

2.2.3 特 殊 材 料

〔1〕 **複合材料**（composite material） 性質の異なる2種類以上の材料が人工的に複合されることにより，単体の素材より優れた特性と機能を有する材料の総称である。基本となる素材を**母材**（composite matrix），加える材料を**強化材**（reinforcing element）と呼ぶ。

・**繊維強化プラスチック**（fiber reinforced plastics, FRP） プラスチックの母材に繊維を強化材として加えたものであり，強化材がカーボンのものを**炭素繊維強化プラスチック**（carbon fiber reinforced plastics, CFRP）という。FRP は軽くて強く，軽量構造材として最高の性能を持つ。

〔2〕 **機能性材料** 内外力に耐える強度を目的とした**構造材料**（structural material）に対して，材料自体が強度以外の何らかの機能を備えた材料を，**機能性材料**（functional material）という。

・**形状記憶合金** 金属に力を加えるとひずみが生じ，塑性変形が起こる。一般の金属では塑性変形すると元には戻らないが，あらかじめ形状を記憶させるための熱処理を施しておくと，荷重を取り除いた後に数十℃加熱すると，変形前の形に戻る。これを**形状記憶効果**（shape memory effect）といい，形状記憶効果を持つ合金を**形状記憶合金**（shape memory alloy）という。形状記憶合金にはいくつかの種類があるが，Ti-Ni 系合金が使われることが多い。眼鏡フレーム，コーヒーメーカの圧力調整弁やエアコンの風向制御装置などに使われている。

2.3 代表的な加工法

　素材から目的の形状を作り出す加工法は，不要部分を除去する**除去加工**（removal process），体積は変えずに形を変える**変形加工**（deformation process），必要部分を付け加える**付加加工**（joining process）に大別される（**表2.3**）。

表2.3　代表的な加工法[8]

分　類	加工メカニズム	代表的な加工法
除去加工	機械的除去	切削加工，研削加工
	熱的除去	ワイヤ放電加工，レーザ加工
	化学的除去	エッチング
変形加工	成形加工	鋳造，焼結，射出成形
	塑性加工	鍛造，引抜き
付加加工	接合	溶接，積層造形
	被覆	めっき，蒸着

2.3.1 除 去 加 工

〔1〕 **機械的除去**

（**a**）**切削加工**（cutting）　　**工具**（cutting tool）と工作物の間に相対運動を与え，工作物の不要部分を削り取り所望の形状を得る加工法である。一般的に高い精度が得られるので，仕上げ工程に用いられることが多い。

（**b**）**研削加工**（grinding）　　硬度の高い砥粒や砥石により材料を除去する加工法であり，仕上げ面粗さが小さい。

〔2〕 **熱 的 除 去**

（**a**）**ワイヤ放電加工**（electric discharge machining）　　直径 $0.02 \sim 0.3$ mm のワイヤを電極として，糸のこ盤のように複雑な形状を切り抜く加工法である。

（**b**）**レーザ加工**（laser beam machining）　　レーザ光をレンズで集光して得られる高密度の光エネルギーを熱エネルギーに変換し，材料の加熱，溶融，

蒸発により切断する加工法である。

〔3〕 **化学的除去**

・**エッチング**（etching）　工作物上に**レジスト**（resist）でパターンを描き，レジストで被覆されていない部分を選択的に溶融除去する加工法であり，薄物，平板への二次元複雑形状加工や微細加工に適している。

2.3.2 変 形 加 工

〔1〕 **成 形 加 工**

（**a**）　**鋳造**（casting）　溶融金属を鋳型に注入して凝固させ，鋳型どおりの形状の金属固体を製造する加工法であり，他の加工法に比べ複雑な形状を作ることができる。

（**b**）　**焼結**（sintering）　高温で粉末粒子どうしを接合し，形状を生成する加工法である。

（**c**）　**射出成形**（injection molding）　成形材料をシリンダ内で加熱，溶融させた後，金型キャビティ内へ高圧で射出注入し，冷却，固化した固体を得る加工法である。

〔2〕 **塑 性 加 工**

（**a**）　**鍛造**（forging）　工具，金型などを用い，固体材料の一部または全体を圧縮または打撃することにより，所望の形状に変形させる加工法である。

（**b**）　**引抜き**（drawing）　棒材，線材，管材を**ダイス**（die）に通して引っ張り，ダイス孔形と同じ断面形状にする加工法である。長尺材が得られること，寸法精度，機械的性質，表面性状が良好である特長を有する。

2.3.3 付 加 加 工

〔1〕 **接　　　合**

（**a**）　**溶接**（welding）　接合する面の母材を溶融し金属の凝固が進行して一体化する加工法であり，確実な接合が得られるが，局所的な熱の影響による材質の変化，変形，残留応力に注意が必要である。

（**b**）　**積層造形**（layered manufacturing）　　目的とする三次元形状を一体ではなく，二次元スライス形状の積み重ねにより構成する加工法であり，他の加工法では困難な複雑な立体形状の造形が可能である。造形の原理としては，液体樹脂の**光硬化**（stereolithography），**粉末のレーザ焼結**（selective laser sintering），**溶融物の堆積**（fused deposition），**シートの接着**（sheet lamination）などがある。当初は試作品の造形に用いられていたが，多品種少量生産技術として発展しつつある。

〔2〕　**被　　覆**

（**a**）　**めっき**（plating）　　表面の耐摩耗性，耐食性などの向上や装飾を目的として，めっきしようとする金属イオンを含む電解質溶液に2本の電極を浸して直流を通電させ，陰極側の工作物に金属を被覆する加工法である。

（**b**）　**蒸着**（vapor deposition）　　金属や酸化物などを蒸発させ気相状態とし，物体の表面に付着させる加工法である。

2.4　熱　処　理

材料に**熱処理**（heat treatment）を施し金属組織を変えることにより，硬さ，軟らかさ，粘り強さなど，望ましい性質を持たせることができる（**表2.4**）。SS材以外の鋼は熱処理をして使用する。

表2.4　目的と熱処理の種類[9)]

目　　　的		熱　処　理
硬く，粘り強くする	部品全体	焼入れ，焼戻し
	表面のみ	高周波焼入れ，浸炭焼入れ
加工硬化した材料を，加工しやすく軟らかくする		完全焼なまし
加工時の反りを抑えるため，材料内部の応力を取り除く		応力除去焼なまし

〔1〕　**焼入れ，焼戻し**　　材料を高温に加熱し，水冷で急冷することにより，材料を硬くすることを，**焼入れ**（quenching）という。目安として，炭素

量 0.3% 以上の材料で焼入れの効果が出る。焼入れにより硬くなると同時にもろくなった材料を，焼入れよりも低い温度まで加熱し，空冷することにより，材料に粘りを持たせることを，**焼戻し**（tempering）という。

〔2〕 **高周波焼入れ**　部品の表面を傷付きにくく耐摩耗性を向上するためには，表面のみを硬くすればよい場合がある。そのような場合に，必要な箇所だけコイルを巻き高周波電流を流して表面のみを加熱し，それを急冷することを，**高周波焼入れ**（induction hardening）という。

〔3〕 **浸炭**（carburizing）**焼入れ**　炭素量の少ない鉄鋼材料（S 15 C やS 20 など）の表面に炭素を染み込ませ，0.8 ～ 0.9% 程度にした後に焼入れ，焼戻しを行うと，炭素量の多い表面付近のみ焼入れ効果が出る。これを**浸炭焼入れ**という。

〔4〕 **焼なまし**　材料を高温に加熱し，炉の中で徐々に温度を下げることを，**焼なまし**（annealing）という。加工により硬化した材料を軟らかくして加工性を向上する焼なましを**完全焼なまし**といい，鋼だけでなく銅でも行う。加工時に反りの原因となったり使用時に悪影響を及ぼす，材料内部に残る応力を取り除く焼なましを**応力除去焼なまし**という。鋳造は複雑な形状が多く，冷却も不均一となり内部に応力が残るので，応力除去焼なましを行うのが一般的である。

2.5 ライフサイクル設計

　近年の機械設計では，使用時の機械の機能，性能だけでなく，廃棄時の材料の環境負荷までを考慮することが重要となっている。例えば，複合材料である繊維強化プラスチックは軽量で強度があるため，使用時の性能の点では非常に優れた材料である。しかし，製品が寿命を迎え廃棄する際には，異なる材料が混合されているため，そのまま廃棄すれば環境に悪影響を及ぼす可能性があり，設計段階で適度や解体性や分離性を考慮しておくことが望ましい。

　このように，機械の製造時や使用時だけでなく，材料の資源としての採掘か

ら最終的な廃棄まで，全体を考慮して適切な設計を行うことを，**ライフサイクル設計**（life cycle design）という。ライフサイクル設計の一つとして，使用済みの製品や部品を再使用する**リユース**（reuse），使用済みの製品や部品を新たな資源として再利用する**リサイクル**（recycle），材料の使用量自体を削減する**リデュース**（reduce）の頭文字をとった，いわゆる3Rがある。

演 習 問 題

〔**2.1**〕 材料の機械的性質である「強度」，「剛性」，「硬さ」について，それぞれ簡潔に説明せよ。

〔**2.2**〕 一般の機械設計において，鉄鋼材料が最もよく用いられる理由と，純粋な鉄でなく炭素を加えたものが用いられる理由を，それぞれ簡潔に説明せよ。

〔**2.3**〕 機械設計において，複合材料を用いることの利点と注意点を簡潔に説明せよ。

3章 動力・運動の伝達 1：軸の設計

◆ **本章のテーマ**

　動力・運動の伝達は機械における最も基本的な機能の一つであり，それを実現する軸は多くの機械で用いられる基本的で重要な機械要素である。本章の目的は，基本的な機械要素・部品である軸を例にとり，許容応力と安全率，強度，剛性，座屈という基本的な概念を理解し，それに基づく軸の設計の考え方と方法を学ぶことである。

◆ **本章の構成（キーワード）**

3.1　軸の種類
　　　電動軸，車軸，プロペラ軸，たわみ軸

3.2　軸の強度
　　　許容応力，安全率，軸力，トルク，ねじりモーメント，曲げモーメント，
　　　モールの応力円，最大垂直応力，最大せん断応力

3.3　軸のねじり剛性
　　　ねじり剛性，ねじれ角，比ねじれ角

3.4　軸の座屈
　　　座屈，オイラーの座屈荷重

3.5　軸に関する規格

◆ **本章を学ぶと以下の内容をマスターできます**

☞　許容応力と安全率

☞　軸の強度の設計

☞　軸のねじり剛性の設計

☞　軸の座屈を考慮した設計

3.1 軸 の 種 類

軸（shaft）とは，機械において回転している棒状の部品の総称であり，つ
ぎのような種類がある。

〔1〕 **伝 動 軸**　主として，ねじりにより動力を伝達する軸を**伝動軸**
（transmission shaft）という。

軸が伝達するねじりモーメント（トルク）を T〔N·m〕，軸の回転数を n〔1/
s〕とすると，伝達される動力 P〔W〕は

$$P = 2\pi n T \tag{3.1}$$

となる。

伝動軸の設計に当たっては，トルク T は軸の太さなどに，回転数 n は軸受
などに，動力 P は熱の対策などに，それぞれ関係する。

〔2〕 **車　　　軸**　車体の重量を支え，主として垂直荷重による曲げモー
メントを受ける軸を，**車軸**（axle）という。車輪を駆動する場合は，ねじり
モーメントも作用する。

〔3〕 **プロペラ軸**　船舶あるいは航空機のプロペラを取り付け，駆動トル
クを伝達するとともに，プロペラによって生じる圧縮力または引張力，プロペ
ラの自重および軸力の偏心による曲げモーメントを受ける軸を，**プロペラ軸**

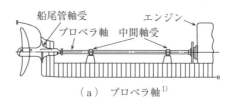

（a） プロペラ軸[1]

（b） たわみ軸（平角針金より線形）[2]

図 3.1 軸の種類

(propeller shaft) という（**図3.1**（a））。

〔**4**〕　**工作機械などの軸**　工作機械の刃物を回転させる主軸や，精密機械の軸などは，強さとともに，たわみやねじれが特に少なく，正確な運動を伝達することが要求される。

〔**5**〕　**たわみ軸**　ねじり剛性はあるが，曲げ剛性が著しく小さくたわみ性があり，回転運動や小動力を，方向を自由に変えて伝達できる軸を**たわみ軸**（flexible shaft）といい，たわみ性がある針金を多層により線にしたものなどがある（図3.1（b））。

3.2 軸 の 強 度

3.2.1 許容応力と安全率

　機械の部品や構造の設計において，安全上許しうる限度の応力を**許容応力**（allowable stress）という。機械材料には，試験により定められる**基準強さ**（reference strength）があるが，設計においては，機械に作用する荷重の見積りや応力計算の不正確さ，使用条件のあいまいさや材料の不均一性，欠陥の存在のため，基準強さをそのまま許容応力とすることはできない。そこで，これらの要因を見込んだ**安全率**（safety factor）という値を定め

$$許容応力 = \frac{基準強さ}{安全率} \tag{3.2}$$

とする。一般に目安として用いられる安全率を**表3.1**に，鉄鋼について使用される許容応力を**表3.2**に示す。

表3.1　安全率の目安（Unwin による）[3]

材料＼荷重条件	静荷重	繰返し荷重		変動荷重衝撃荷重
		片振	両振	
鋼	3	5	8	12
鋳鉄	4	6	10	15
木材	7	10	15	20

表3.2　常温における鉄鋼の許容応力 [3]

荷　　重		軟　鋼	中硬鋼	鋳　鋼	鋳　鉄
引張り	静荷重	88 〜 147	117 〜 176	59 〜 117	29
	動荷重	59 〜 98	78 〜 117	39 〜 78	19
	繰返し荷重	29 〜 49	39 〜 59	19 〜 39	10
圧　縮	静荷重	88 〜 147	117 〜 176	88 〜 147	88
	動荷重	59 〜 98	78 〜 117	59 〜 98	59
曲　げ	静荷重	88 〜 147	117 〜 176	73 〜 117	—
	動荷重	59 〜 98	78 〜 117	49 〜 78	—
	繰返し荷重	29 〜 49	39 〜 59	24 〜 39	—
せん断	静荷重	70 〜 117	94 〜 141	47 〜 88	29
	動荷重	47 〜 88	62 〜 94	31 〜 62	19
	繰返し荷重	23 〜 39	31 〜 47	16 〜 31	10
ねじり	静荷重	59 〜 117	88 〜 141	47 〜 88	—
	動荷重	39 〜 78	59 〜 94	31 〜 62	—
	繰返し荷重	19 〜 39	29 〜 47	16 〜 31	—

〔注〕　単位：N/mm^2 = MPa

3.2.2　軸に生じる応力

　軸には，圧縮または引張りの軸力 F，ねじりモーメント（トルク）T，曲げモーメント M のいずれか，またはそれらが組み合わさった負荷が作用する（**図 3.2**）。それらの負荷が作用しても軸が破壊しない強度を有するためには，負荷によって軸に生じる応力の最大値が，軸の材料の許容応力より小さくなるように設計する必要がある。

　いま，問題を一般化するために，内直径 d_1，外直径 d_2，内外径比 λ（$= d_1/$

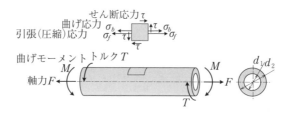

図3.2　軸力，トルク，曲げモーメントが作用する中空円形軸

d_2) の中空円形軸を考える。中実円形軸の場合は，$\lambda = 0$ の場合を考えればよい。

軸力 F を受ける軸に生じる圧縮または引張りの応力 σ_f は

$$\sigma_f = \frac{F}{\frac{\pi}{4}(d_2{}^2 - d_1{}^2)} = \frac{4F}{\pi d_2{}^2(1 - \lambda^2)} \tag{3.3}$$

となる。トルク T を受ける軸に生じるせん断応力は，円形軸の表面において最大となり，その値 τ は，中空円形軸のねじりに対する断面係数（極断面係数）Z_p を用いて

$$\tau = \frac{T}{Z_p} = \frac{16T}{\pi d_2{}^3(1 - \lambda^4)} \tag{3.4}$$

となる。中心軸を含む平面内に曲げモーメント M を受ける軸に生じる曲げ応力は，円形軸の表面において最大となり，その値 σ_b は，中空円形軸の曲げに対する断面係数 Z を用いて

$$\sigma_b = \frac{M}{Z} = \frac{32M}{\pi d_2{}^3(1 - \lambda^4)} \tag{3.5}$$

となる。

これらの応力の関係をモールの応力円で表すと（**図 3.3**），軸に生じる最大垂直応力 $\sigma_{\max}$ と最大せん断応力 $\tau_{\max}$ は，次式で表すことができる。

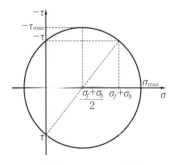

図 3.3 モールの応力円

$$\sigma_{\max} = \frac{1}{2}(\sigma_f+\sigma_b) + \sqrt{\left(\frac{\sigma_f+\sigma_b}{2}\right)^2 + \tau^2} \tag{3.6}$$

$$\tau_{\max} = \sqrt{\left(\frac{\sigma_f+\sigma_b}{2}\right)^2 + \tau^2} \tag{3.7}$$

式 (3.6)，(3.7) に式 (3.3) 〜 (3.5) を代入すると，軸に軸力 F，トルク T，曲げモーメント M が同時に作用する場合の最大垂直応力と最大せん断応力は次式となる。

$$\sigma_{\max} = \frac{16}{\pi d_2{}^3(1-\lambda^4)}\left[M+\frac{d_2(1+\lambda^2)}{8}F+\sqrt{\left\{M+\frac{d_2(1+\lambda^2)}{8}F\right\}^2+T^2}\right]$$

$$\tag{3.8}$$

$$\tau_{\max} = \frac{16}{\pi d_2{}^3(1-\lambda^4)}\sqrt{\left\{M+\frac{d_2(1+\lambda^2)}{8}F\right\}^2+T^2} \tag{3.9}$$

3.2.3　軸の強度設計

軸の強度設計においては，使用する材料の許容応力がこれらの値より大きくなるように，d_2 および λ を決定すればよい。一般に軸には脆性材料（塑性変形を経ず一気に破壊する）ではなく延性材料（大きな塑性変形を経て，せん断応力が最大となる面で破壊する）を使用するので，破壊は最大せん断応力 $\tau_{\max}$ により生じると仮定できる場合には，$\tau_{\max}$ を用いて設計を行う。例えば，トルクのみを受ける場合，材料の許容応力を τ_a とすると，強度を満たす条件は式 (3.9) より

$$\tau_a \geqq \tau_{\max} = \frac{16T}{\pi d_2{}^3(1-\lambda^4)} \tag{3.10}$$

となり，変形すると

$$d_2 \geqq \sqrt[3]{\frac{16T}{\pi(1-\lambda^4)\tau_a}} \tag{3.11}$$

となるので，これを満たすように d_2 および λ を決定する。

3.3 軸のねじり剛性

軸径に比べ長い軸にねじりモーメントが作用すると，強度の点では問題がなくても，大きなねじり変形が生じるばねの作用により，駆動側の回転が正しく負荷側に伝達されなかったり，ねじり振動が発生する場合がある。そのような変形は，一般的には回転や動力の伝達の正確さや制御のしやすさの点で不利となるが，一方でねじりばねのように，変形を積極的に利用する場合もある。軸の**ねじり剛性**（torsional stiffness）を正しく設計することにより，目的に合った変形の有無や程度を実現することができる。

長さ l，横弾性係数 G の中空円形軸において，ねじりモーメント T によりねじれ角 θ が生じた場合（**図3.4**），比ねじれ角 θ/l は，中空円形軸の断面二次極モーメント

$$I_p = \frac{\pi}{32}\, d_2^{\,4}(1-\lambda^4) \tag{3.12}$$

により定義されるねじり剛性 GI_p を用いて

$$\frac{\theta}{l} = \frac{T}{GI_p} = \frac{32T}{G\pi d_2^{\,4}(1-\lambda^4)} \tag{3.13}$$

と表せる。ねじりを受ける軸の θ/l は，一般の静荷重が作用する軸の場合は

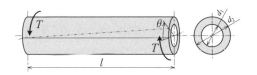

図3.4 ねじれ角とねじりモーメントの関係

5.8×10^{-3} rad/m より小さく，変動荷重が作用する軸の場合は 4.4×10^{-3} rad/m より小さくするのがよい[1]。

3.4 軸 の 座 屈

座屈（buckling）とは，圧縮荷重を徐々に増加したとき，圧縮による破壊が生じる前に，荷重がある大きさに達した時点で，急に大きな変形が生じる現象をいう。圧縮荷重が作用し，軸径に対して長い軸の場合は，座屈が生じないように設計する必要がある。

いま，支持端間の距離 l，断面二次モーメント I，ヤング率 E の軸について，**オイラーの座屈荷重**（Euler's bucking load）F_k は次式で定義される。ここで係数 c は，**図3.5** に示す軸端の支持形式による係数である[4]。

$$F_k = \frac{c\pi^2 EI}{l^2} \tag{3.14}$$

中空円形軸において座屈を生じないためには，中空円形軸の断面二次モーメント

$$I = \frac{\pi d_2^4(1-\lambda^4)}{64} \tag{3.15}$$

を用いて，軸に作用する圧縮荷重 F が

$$F \leq \frac{F_k}{4} \tag{3.16}$$

となるように設計する。

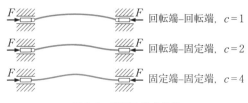

図3.5 座屈の端末条件

3.5 軸に関する規格

　これまで述べてきたような内容のみから，軸径などの寸法を自由に決定すると，その軸を軸受，モータ，シール，歯車などと組み合わせる際に問題を生じる。それを避けるために，軸が他の部品と組み合わさる部分の軸径や軸端の形状や寸法などは，規格により規定されている。例えば軸径については**表 3.3** の

表 3.3　軸の直径 [5]

軸径	(参考) 軸径数値のより所 標準数(1) R5	R10	R20	(2) 円筒軸端	(3) 転がり軸受	軸径	(参考) 軸径数値のより所 標準数(1) R5	R10	R20	(2) 円筒軸端	(3) 転がり軸受	軸径	(参考) 軸径数値のより所 標準数(1) R5	R10	R20	(2) 円筒軸端	(3) 転がり軸受
4	○	○	○		○	16	○	○	○	○		42				○	
4.5			○			17					○	45			○	○	○
5		○	○		○	18			○			48				○	
5.6			○			19				○		50		○	○	○	○
6				○	○	20		○	○	○	○	55				○	○
6.3	○	○	○			22				○		56			○	○	
7				○	○	22.4			○			60				○	○
7.1			○			24				○		63	○	○	○	○	
8		○	○	○	○	25	○	○	○	○	○	65				○	○
9			○	○	○	28			○	○		70				○	○
10	○	○	○	○	○	30				○	○	71			○	○	
11				○		31.5		○	○			75				○	○
11.2			○			32				○		80		○	○	○	○
12				○	○	35				○	○	85				○	○
12.5		○	○			35.5			○			90			○	○	○
14			○	○		38				○		95				○	○
15					○	40	○	○	○	○	○	100	○	○	○	○	○

〔注〕　(1) JIS Z 8601（標準数）による。
　　　　(2) JIS B 0903（円筒軸端）による。
　　　　(3) JIS B 1512（転がり軸受の主要寸法）の軸受内径による。

ような規格があり，軸の設計においては強度や剛性などの条件を満たし，かつ
これらの規格に適合する軸径を決定する。

演　習　問　題

〔**3.1**〕伝動軸において，軸が伝達するトルク（ねじりモーメント）が T〔N·m〕，
軸の回転数が n〔1/s〕であるとき，伝達される動力 P〔W〕が

$$P = 2\pi n T$$

となることを示せ。

〔**3.2**〕回転数 10 Hz で 10 kW の動力を伝達する中実円形軸を，強度，ねじり剛性，
規格（表 3.3）を考慮して設計せよ。ただし，材料の許容応力 41 MPa，横弾性係数
81 GPa とする。

〔**3.3**〕同一材料（許容せん断応力が同じ）で同じ長さの中実円形軸と $\lambda = 1/2$ の
中空円形軸に，等しい大きさのトルクのみが作用する場合，強度設計によりそれぞ
れの（外）直径の最小値を求めると（規格との適合は考慮不要），その（外）直径お
よび質量について，中空円形軸は中実円形軸の何パーセント増減となるか。

〔**3.4**〕両端が固定端で直径 80 mm の中実円形軸に 1 000 kN の圧縮軸力が作用する
とき，座屈を生じないための支持端間距離の条件を求めよ。材料のヤング率は
206 GPa とする。

4章 動力・運動の伝達2： 軸受の設計

4.1 軸受の種類

軸受（bearing）とは，機械において小さな摩擦で回転運動や直線的運動を支持する機械要素である。本章では，回転運動を支持する軸受を対象とする。

軸受に作用する荷重のうち，半径方向の荷重を**ラジアル荷重**（radial load），軸方向の荷重を**スラスト荷重**（thrust load）または**アキシアル荷重**（axial load）という。主としてラジアル荷重を支持する軸受を**ラジアル軸受**（radial bearing），主としてスラスト荷重を支持する軸受を**スラスト軸受**（thrust bearing）という（**図4.1**）。

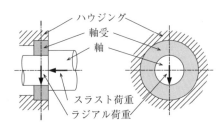

図4.1　軸受に作用するラジアル荷重とスラスト荷重

また，軸受は荷重を支持する方式により，軸と軸受の滑り運動で構成される**滑り軸受**（plain bearing）と，物体間に**玉**（ball）や**ころ**（roller）などの**転動体**（rolling element）を介在させ，その転がり接触により摩擦力を低減する**転がり軸受**（rolling bearing）に分類される（**図4.2**）。

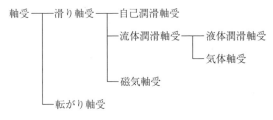

図4.2　荷重支持方式による軸受の分類

4.1.1 自己潤滑軸受

固体接触により物体を支持する滑り軸受を**自己潤滑軸受**（self lubricating bearing）といい（**図 4.3** (a)），固体潤滑剤を用いた軸受と自己潤滑性のある高分子材料系の軸受が主体となっている。例えばフッ素樹脂である**ポリテトラフルオロエチレン**（polytetrafluoroethylene，PTFE）[1] どうしの間では，静摩擦係数 0.08 ～ 0.12，動摩擦係数 0.04 ～ 0.08 である。

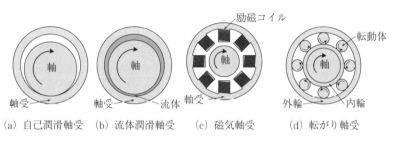

(a) 自己潤滑軸受 (b) 流体潤滑軸受 (c) 磁気軸受 (d) 転がり軸受

図 4.3 軸受の種類

4.1.2 流体潤滑軸受

流体を潤滑剤として物体間に介在させ，固体接触のない状態を作り回転に対する抵抗を低減する滑り軸受を**流体潤滑軸受**（fluid lubricating bearing）という（図 4.3 (b)）。

〔1〕 **液体潤滑軸受**　油に代表される液体を潤滑剤に用いる流体潤滑軸受を**液体潤滑軸受**という。

〔2〕 **気 体 軸 受**　気体膜圧力により物体を非接触で支持する流体潤滑軸受を**気体軸受**（gas bearing）という。気体軸受の潤滑剤は通常は空気で，油に比べ気体の粘性係数は約 1/1 000 で，摩擦力が小さい利点があるが，負荷容量が小さいので，小型軽量の高速回転体の支持に用いられる。

4.1.3 磁 気 軸 受

磁気力を利用して物体を非接触の状態で支持する滑り軸受を**磁気軸受**（magnetic bearing）という（図 4.3 (c)）。磁気力を発生する電磁石，軸と軸

受間の隙間を計測する非接触変位センサ，軸受隙間を一定に保つための電磁石の制御回路などで構成される。

4.1.4　滑り軸受と転がり軸受の比較

滑り摩擦が作用する一般的な滑り軸受（自己潤滑軸受，流体潤滑軸受）と，転がり摩擦が作用する転がり軸受（図4.3 (d)）を比較すると，つぎのようになる。

・始動時の摩擦係数は，転がり軸受では回転中と変わらないが，滑り軸受では回転中より高い。したがって，滑り軸受は短時間で起動停止を繰り返す用途には向かない。

・軸受の大きさは，滑り軸受の方が外径を小さくできるが，転がり軸受の方が幅を小さくできる。

・運転時の騒音や振動の減衰特性は，滑り軸受の方が優れている。

・機械要素部品としての汎用性や互換性については，転がり軸受の方が優れている。転がり軸受は標準化や規格化が進み，専門メーカによる供給体制が整っているため，さまざまな仕様のものが容易に入手できる。一方，滑り軸受は，機械製品のメーカや関連メーカが機械の仕様に合わせて内製しているのが普通であり，一般の利用者に規格品を提供するような体制になっていない[2]。この理由から，以降本章では転がり軸受に絞って議論を進めていく。

4.2　転がり軸受の種類

転がり軸受は，**内輪** (inner ring)，**外輪** (outer ring)，転動体，転動体を軸受内に保持し，転動体どうしの直接接触を防ぐ**保持器** (retainer) により構成される。おもな転がり軸受を，荷重方向と転動体の形状により分類したものを**表**4.1に示す。

表4.1 転がり軸受の分類例

		転動体	
		玉	こ　ろ
荷重方向	ラジアル荷重	深溝玉軸受 アンギュラ玉軸受 組合せ玉軸受 自動調心玉軸受	円筒ころ軸受 円すいころ軸受 自動調心ころ軸受 針状ころ軸受
	スラスト荷重	スラスト玉軸受	スラスト円筒ころ軸受 スラスト自動調心ころ軸受

4.2.1 ラジアル軸受

〔1〕 **深溝玉軸受**（deep groove ball bearing）　転がり軸受の中で最も多く使われる。内輪と外輪の溝が深く，玉はラジアル荷重では溝の底，スラスト荷重では溝の肩近くで接触し荷重を支えるので，ラジアル荷重だけでなく両方向のスラスト荷重を支持できる（**図4.4**（a））。

〔2〕 **アンギュラ玉軸受**（angular contact ball bearing）　玉軸受の場合，内輪と玉の接触点と外輪と玉の接触点を結ぶ，玉への荷重の方向線と，軸受中心軸に直交する平面とのなす角を**接触角**（contact angle）という（図4.4（b））。接触角が大きいほど，大きなスラスト荷重を支持できる。

　アンギュラ玉軸受は，深溝玉軸受の内輪と外輪の溝肩の片側を削り去った形の軸受であり，接触角を有するため，単方向（例えば図4.4（b）では内輪を紙面左向きに押す方向）については深溝玉軸受より大きなスラスト荷重を支持できる。

〔3〕 **組合せ玉軸受**　玉軸受を2個合わせて1個の軸受として使用するもので，アンギュラ玉軸受どうしまたは円すいころ軸受どうしの組合せが多い。例えばアンギュラ玉軸受を逆向きに組み合わせて使用すると，ラジアル荷重に加え両方向のスラスト荷重を支持できる（図4.4（c））。

〔4〕 **自動調心玉軸受**（self-aligning ball bearing）　2列の玉の転動体と，軸受中心に曲率半径の中心を持つ球面となっている外輪軌道により，内輪が外輪に対して自由に傾くことができる調心性を有する（図4.4（d））。軸やハウ

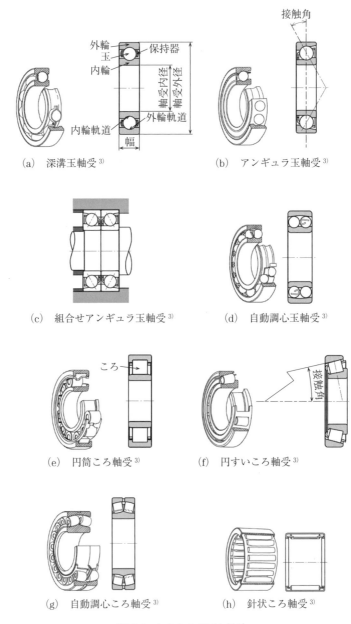

(a)　深溝玉軸受[3]

(b)　アンギュラ玉軸受[3]

(c)　組合せアンギュラ玉軸受[3]

(d)　自動調心玉軸受[3]

(e)　円筒ころ軸受[3]

(f)　円すいころ軸受[3]

(g)　自動調心ころ軸受[3]

(h)　針状ころ軸受[3]

図 4.4　おもなラジアル軸受

ジングの加工誤差や，取付不良などにより生じる軸心のずれは，自動的に調整される。

〔5〕 **円筒ころ軸受**（cylindrical roller bearing）　転動体が円筒ころの軸受で，ラジアル荷重の支持能力が玉軸受より大きく，高負荷での高速回転に適する（図4.4 (e)）。

〔6〕 **円すいころ軸受**（tapered roller bearing）　転動体が円すい台形であり，大きなラジアル荷重と一方向のスラスト荷重を支持できる（図4.4 (f)）。円すいころ軸受の場合，外輪軌道の延長線と軸受中心軸のなす角を**接触角**といい，接触角の大きいものほどスラスト荷重の支持能力が大きく，ラジアル荷重の支持能力は小さくなる。この軸受は必ずスラスト荷重を加えた状態で使用する。

〔7〕 **自動調心ころ軸受**（self-aligning roller bearing）　球面ころと呼ばれるたる形の転動体と，軸受中心に曲率半径の中心を持つ球面となっている外輪軌道により，調心性を有する軸受である（（図4.4 (g)））。軸の両端を支える二つのハウジングの軸心の一致が困難な場合や，大荷重で軸がたわみ，内輪が傾く場合に使用される。

〔8〕 **針状ころ軸受**（needle roller bearing）　径が小さく細長いころを多数有する円筒ころ軸受の一種である。内径と外径の差を小さくできる特長がある（図4.4 (h)）。

4.2.2 スラスト軸受

〔1〕 **スラスト玉軸受**（thrust ball bearing）　円弧溝を有する2個の座金状軌道輪の間に転動体の玉を挟んだ軸受である。回転軸に取り付ける軌道輪を**内輪**，ハウジングに固定する軌道輪を**外輪**と呼び，外輪内径（穴）は内輪内径よりやや大きい（**図4.5** (a)）。

〔2〕 **スラスト円筒ころ軸受**（thrust cylindrical roller bearing）　平面状座金の軌道輪2個の間に転動体の円筒ころを挟んだ軸受である（図4.5 (b)）。ころと軌道は線接触するので，大荷重，衝撃荷重，高剛性の用途に適するが，

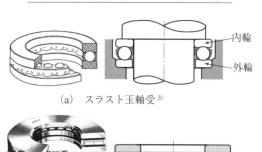

(a)　スラスト玉軸受 [3)]

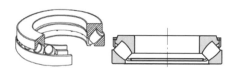

(b)　スラスト円筒ころ軸受 [3)]

(c)　スラスト自動調心ころ軸受 [3)]

図 4.5　おもなスラスト軸受 [3)]

完全な転がりではないので高速回転には適さない。

〔3〕　**スラスト自動調心ころ軸受**（self-aligning thrust roller bearing）　たる形のころを斜めに配列したスラスト軸受で，外輪の軌道が球面をなしているため，軸受は調心性を有する（図 4.5 (c)）。スラスト荷重の支持能力は非常に大きく，スラスト荷重がかかっている場合，多少のラジアル荷重を支持することができる。

4.2.3　転がり軸受の特性

以上の転がり軸受の特性を**表 4.2**にまとめる。転がり軸受は JIS により規格化されており，設計の目的に適合する軸受をメーカの製品 [1)] などから選定する。

ここで，転がり軸受によりどの程度摩擦が低減されるかを，転がり軸受の見かけの摩擦係数で確認してみる。転がり軸受の摩擦トルク M，軸受荷重 P，軸受内径 d のとき（**図 4.6**），転がり軸受の見かけの摩擦係数 μ を式（4.1）で

表4.2 転がり軸受の特性[4]

	ラジアル荷重	スラスト荷重	回転精度	剛性	音・振動
深溝玉軸受	◎	○	○	○	◎
アンギュラ玉軸受	◎	単方向◎	○	○	○
組合せアンギュラ玉軸受	◎	◎	○	◎	○
自動調心玉軸受	◎	△		○	△
円筒ころ軸受	◎	×	○	◎	◎
円すいころ軸受	◎	単方向○		◎	○
自動調心ころ軸受	◎	△		◎	○
針状ころ軸受	◎	×		◎	△
スラスト玉軸受	△	◎		○	△
スラスト円筒ころ軸受	×	◎		◎	△
スラスト自動調心ころ軸受	△	◎		◎	△

図4.6 転がり軸受の見かけの摩擦係数

定義すると，通常の荷重条件における見かけの摩擦係数は表4.3のような値をとる。

$$\mu = \frac{2M}{dP} \tag{4.1}$$

表 4.3 転がり軸受の見かけの摩擦係数 [4]

転がり軸受の種類	見かけの摩擦係数
深溝玉軸受	0.001 ～ 0.001 5
アンギュラ玉軸受	0.001 2 ～ 0.001 8
自動調心玉軸受	0.000 8 ～ 0.001 2
円筒ころ軸受	0.001 ～ 0.001 5
円すいころ軸受	0.001 7 ～ 0.002 5
自動調心ころ軸受	0.002 ～ 0.002 5
針状ころ軸受（保持器付き）	0.002 ～ 0.003
スラスト玉軸受	0.001 ～ 0.001 5

4.3 | 転がり軸受の寿命

4.3.1 転がり疲れ寿命

　転がり軸受は，用途に応じて定められた期間，機能し続ける必要がある。軸受が荷重を受けて回転を続けると，**軌道**（raceway）や転動体の表面が疲労破壊して薄片となって剥がれる，**フレーキング**（flaking）が発生する。この最初のフレーキングが生じるまでの総回転数を**転がり疲れ寿命**という。転がり疲れ寿命には統計的ばらつきがあるため，多数の同一呼び番号の軸受を同一運転条件で個々に回転させたとき，そのうち 90% の軸受がフレーキングを起こさず到達できる総回転数を**基本定格寿命**（basic rating life）と定義する。

　基本定格寿命 L について，実験に基づく式（4.2）が得られている。

$$L = \left(\frac{C}{P} \right)^p \times 10^6 \tag{4.2}$$

　ここで，C〔N〕は**基本動定格荷重**（basic dynamic load rating）といい，その軸受の基本定格寿命が 10^6 となるような，方向と大きさが一定の荷重である。ラジアル軸受では C_r，スラスト軸受では C_a で表され，各軸受のデータに記載されている。p は転動体が玉のとき 3，ころのとき 10/3 を用いる。

　P〔N〕は**動等価荷重**（dynamic equivalent load）といい，軸受にラジアル荷重とアキシアル荷重が同時に作用する場合に，それを軸受中心を通る一つの仮

想荷重に換算したものである。ラジアル軸受の動等価荷重は式（4.3）で求められる。

$$P = XF_r + YF_a \tag{4.3}$$

ここで F_r〔N〕はラジアル荷重，F_a〔N〕はアキシアル荷重，X は**動ラジアル荷重係数**（dynamic radial load factor），Y は**動アキシアル荷重係数**（dynamic axial load factor）であり，X，Y の値は各軸受のデータに記載されている。

基本定格寿命 L は総回転数であるが，一定回転速度 n〔min^{-1}〕で使用される場合には，式（4.4）のように基本定格寿命を定格寿命時間 L_h〔h〕で表すことができる。

$$L_h = \frac{10^6}{60\,n} \left(\frac{C}{P} \right)^p \tag{4.4}$$

軸受選定における定格寿命時間の目安を**表4.4**に示す。

表4.4 定格寿命時間の目安[5]

使 用 条 件	定格寿命時間 L_h〔h〕
時々または短時間の運転	～ 10 000
常時運転ではないが，確実な運転の要求	～ 30 000
連続運転ではないが，長時間の運転	～ 60 000
1日8時間以上の常時または連続長時間の運転	～ 70 000
24時間連続運転で，事故停止が許されない	70 000 ～

4.3.2 耐 圧 痕 性

静止した軸受に衝撃荷重が加わると，転動体と軌道の接触面応力が材料の弾性限界を超え，局部的に塑性変形して圧痕が発生する。圧痕は軸受の円滑な回転を妨げ，振動や早期破損の原因になる。

静止軸受の接触圧縮応力による転動体と軌道の永久変形の和の限界値が転動体直径の1/10 000であることが経験的に知られており，そのときの軸受荷重 C_0〔N〕を**基本静定格荷重**（basic static load rating）と呼ぶ。C_0 の値は各軸受のデータに記載されている。

　軸受に作用する最大のラジアル荷重 F_r とアキシアル荷重 F_a を，圧痕の検討のために大きさが一定の仮想荷重に換算したものを**静等価荷重**（static equivalent load）P_0〔N〕と呼び，ラジアル軸受では式（4.5）の二つの値のうち大きい値を用いる。

$$\left.\begin{array}{l} P_0 = X_0 F_r + Y_0 F_a \\ P_0 = F_r \end{array}\right\} \tag{4.5}$$

ここで X_0 は**静ラジアル荷重係数**（static radial load factor），Y_0 は**静アキシアル荷重係数**（static axial load factor）であり，各軸受のデータに記載されている。**表4.5** に示す静許容荷重係数 f_s によって，C_0 と P_0 がつぎの条件を満たすように軸受を選定する。

$$C_0 \geq f_s P_0 \tag{4.6}$$

表4.5　静許容荷重係数 [5]

使用条件	静許容荷重係数 f_s の下限	
	玉軸受	ころ軸受
音の静かな運転を特に必要とする場合	2	3
振動・衝撃がある場合	1.5	2
普通の運転条件の場合	1	1.5

4.4 ｜ 転がり軸受の潤滑

　転がり軸受の潤滑により，つぎのような効果を得ることができる。

　〔1〕　**摩擦および摩耗の減少**　　軸受を構成する軌道，転動体，保持器の接触部分において，金属接触を防止し，摩擦，摩耗を減らす。

　〔2〕　**疲れ寿命の延長**　　軸受の転がり疲れ寿命は，回転中の転がり接触面が十分に潤滑されているときには長くなる。

　〔3〕　**摩擦熱の搬出，冷却**　　潤滑油を循環させる場合は，摩擦により発生した熱あるいは外部から伝わる熱を，油により搬出，冷却し，軸受の過熱を防

ぎ，潤滑油自体の劣化を防止する。

〔4〕　**その他**　軸受内部に異物が侵入するのを防ぎ，またさびや腐食の発生を防ぐ。

　軸受の潤滑は，粘度が低く流動性がある油を用いる方式と，油よりも粘度が高く流動性が低いゲル状の潤滑剤である**グリース**（grease）を用いる方式に大別される（**表 4.6**）。潤滑の効果は油潤滑が優れているが，使用条件，使用目的に総合的に合致した潤滑方式を用いる。

表 4.6　潤滑方式の比較[3]

項　目	油潤滑	グリース潤滑
潤滑剤の流動性	非常に良い	劣る
回転速度	グリース潤滑より高い回転数でも使用可能	許容回転数は油潤滑の場合の 65 ～ 80%
冷却作用	（循環方式の場合など）熱を効果的に放出できる	なし
密封・ハウジング構造	やや複雑になり，保守に注意が必要	簡略化できる
潤滑剤の漏れ汚染	油漏れによる汚染を嫌う場所には不適	漏れによる汚染が少ない
ごみのろ過	容易	困難
潤滑剤の取替え	比較的簡単	やや複雑

4.5 ┃ 軸受とハウジングのはめあい

　荷重の方向が内輪に対し相対的に回転する場合，内輪と軸の間のしめしろが不足すると，内輪と軸の間に円周方向の滑りが生じ，はめあい面に摩耗や損傷を生じることが多い。それを避けるために，通常は軸受のはめあいにおいて，荷重を受けて荷重の方向と相対的に回転する軌道輪に適切なしめしろを与えて軸またはハウジングに固定し，有害な滑りの発生を防止する（**表 4.7**）。

表4.7　軸受とハウジングのはめあい[3]

荷重の方向	軸受の回転		荷重方向		はめあい	
	内輪	外輪	内輪に対し	外輪に対し	内輪	外輪
	回転	静止	回転	静止	締まりばめ	隙間ばめ
	静止	回転				
	静止	回転	静止	回転	隙間ばめ	締まりばめ
	回転	静止				
荷重方向が一定しない場合	回転または静止	回転または静止	不定	不定	締まりばめ	締まりばめ

演 習 問 題

〔**4.1**〕　図4.6において，転がり軸受の見かけの摩擦係数 μ が式（4.1）で表せることを示せ。

動力・運動の伝達3：
歯車による伝達

◆ 本章のテーマ

　日本機械学会のシンボルマークが歯車をモチーフにしていることからもわかるように，歯車は，動力や運動を伝達するために最も一般的に用いられている機械要素である。本章では，まず，さまざまな種類の歯車とその用途を学ぶ。つぎに，インボリュート歯形の性質を理解した上で，歯車を用いた機械設計に必要な知識を学ぶ。歯車を組み合わせた機構の例として，遊星歯車減速機を紹介する。

◆ 本章の構成（キーワード）

5.1　動力伝達要素としての歯車
　　　動力伝達要素，動力，回転数，
　　　トルク，駆動装置，機械要素
5.2　歯車の種類と用途
　　　歯車，傘歯車，ハイポイド歯
　　　車，ウォームギヤ，ラック，
　　　ピニオン
5.3　歯の並び
　　　すぐば，はすば，やまば
5.4　インボリュート歯形
　　　歯形，インボリュート曲線，
　　　インボリュート歯形
5.5　インボリュート歯形の創成
　　　インボリュート歯形，ラック
5.6　歯車の基本仕様
　　　ピッチ円，ピッチ円直径，モ

　　　ジュール，転位
5.7　かみあい率
　　　かみあい率，かみあい長さ，
　　　法線ピッチ
5.8　バックラッシ
　　　バックラッシ，ノーバック
　　　ラッシギヤ，シザーズギヤ
5.9　歯車の選定
　　　許容伝達動力，折損，ピッチ
　　　ング
5.10　歯車の材質
　　　炭素鋼，黄銅，ポリアセタール
5.11　遊星歯車減速機
　　　遊星歯車減速機，太陽歯車，
　　　遊星歯車，キャリヤ，プラネ
　　　タリ型，ソーラ型，スター型

◆ 本章を学ぶと以下の内容をマスターできます

☞　動力や運動を伝達するための方法
☞　歯車を用いたトルクや運動の変換と伝達
☞　インボリュート歯形の特徴
☞　歯車設計の基礎
☞　遊星歯車減速機の特徴と減速比計算

5.1 　動力伝達要素としての歯車

　歯車（gear）は，駆動装置（例：エンジン，モータ）の動力を被伝達装置（例：タイヤ，ロボットアーム）に伝達する動力伝達要素の一つである。動力〔$W = N\cdot m/s$〕はトルク〔$N\cdot m$〕×回転数〔$1/s$〕に比例する。歯車は，伝達する動力をトルクと回転数に配分し，減速（＝トルク増）や増速（＝トルク減）を実現する機械要素として機能する。また，回転軸の方向の変換や，回転運動から直進運動に変換することも可能である。このように多様な用途に対応するために，後に紹介するさまざまな種類の歯車がある。

　動力伝達要素には，歯車以外にも，ベルトやチェーンなどの巻掛け伝動，ディスク間の摩擦で動力を伝達する摩擦車，ねじの回転を直進運動に変換する送りねじなどがある。駆動軸と受動軸との距離が長い場合は，歯車を複数用いるよりも巻掛け伝動を用いた方が軽く安くて良い場合がある。また，減速，増速を無段階に変速したい場合は，摩擦車が利用できる。歯車は以下の利点を持ち，機械の設計においては最も広く用いられている機械要素である。

　・駆動軸から受動軸に一定の角速度比を伝達できる。

　・連続的な回転運動を，滑りなく確実に伝達できる。

　・小荷重から大荷重，変動荷重などさまざまな荷重に対応できる。

　・低速から高速まで対応できる。

　一方で，歯車のかみあいによって振動や騒音が発生するために対策が必要である。

5.2 　歯車の種類と用途

　歯車は，**図5.1** に示したように，用途に応じてさまざまな種類がある。平歯車（図5.1（a））は，並行した2軸間の伝動，および減速・増速に用いられる歯車である。エンジンのトランスミッションから機械式時計まで大小さまざまな用途に広く用いられる歯車である。また，製作が容易である。

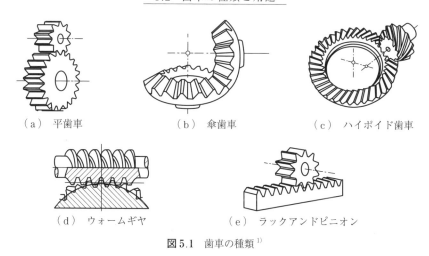

（a）平歯車　　　　　　（b）傘歯車　　　　　　（c）ハイポイド歯車

（d）ウォームギヤ　　　　　（e）ラックアンドピニオン

図5.1　歯車の種類 [1]

　回転軸の方向を直角に変えたいときに用いる歯車として，傘歯車（図5.1
(b)）やハイポイド歯車（図5.1 (c)）がある。傘歯車は2軸が直交し，その
中心軸が重なる。増速，減速ともに用いられる。一方，**ハイポイド歯車**
(hypoid gear)は直交する中心軸がずれている。ハイポイド歯車の使用例とし
て，自動車のプロペラシャフトと車軸との接続がある。プロペラシャフトの位
置を車軸に対して下方にずらすことで，低重心と車室空間の確保を実現してい
る。

　ウォームギヤ（worm gear）（図5.1 (d)）は，増力に用いられ，セルフロッ
クの機能を設けることができる。例えば，テニスのネットを巻き上げる機構に
ウォームギヤが使われている。巻上げの途中で手を離してもネットがずり落ち
ないのは，セルフロックの効用である。

　ラックアンドピニオン（rack and pinion）（図5.1 (e)）は，回転運動を直進
運動に変換する際に用いる歯車機構である。**ラック**(rack)と呼ばれる直線上に
歯を切った部品と，**ピニオン**(pinion)と呼ばれる歯車の組合せから成る。

5.3 歯 の 並 び

　歯車の歯の並びには，**図5.2**に示したように，**すぐば歯車**（spur gear），**はすば歯車**（helical gear），**やまば歯車**（double-helical gear）がある。すぐば歯車は最も単純で製作も容易であり一般的に広く用いられる。しかし，騒音が大きい。はすば歯車は，歯と歯が連続的に滑らかにかみあうため音が静かである。しかし，軸方向（スラスト方向）に力が発生する。そのため，複数のはすば歯車を対向して用いるか，スラストを受ける軸受などが必要となる。やまば歯車は，はすば歯車を対向したような形をしており，スラストが相殺される。また，はすばと同様に音が静かである。しかし，製作が容易でなく，高価である。

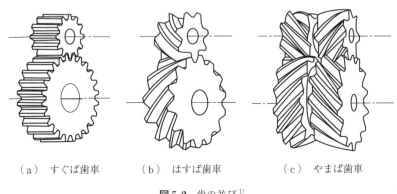

（a）すぐば歯車　　　（b）はすば歯車　　　（c）やまば歯車

図5.2　歯の並び[1]

5.4 インボリュート歯形

　歯車の歯と歯がかみあう面の形状を**歯形**（tooth profile）という。歯形は，歯と歯が滑らかにかみあい，二つの歯車の角速度が一定になるように設計する。これを実現する歯形として，**インボリュート歯形**（involute tooth profile）

が一般的に用いられる。インボリュート歯形は，**インボリュート曲線**（involute curve）と呼ばれる曲線を持つ歯形である。いま，厚みのある円板の円周方向に糸を巻き付ける。この糸の先端に印を付けておく。そして，円板が回転しないように固定し，糸が直線になるように張力をかけながら糸をほどいていく。そのときに，糸の先端の印が描く軌跡がインボリュート曲線である。

では，どのように，インボリュート歯形を持つ一対の歯車が回転を伝達するのであろうか。図5.3に示したように，二つの円板 A と B に対して，たすき掛けに糸を巻いておく。円板 A，B の中心軸を固定しておき，円板 A を反時計回りに回すと，糸が引っ張られて円板 B が時計回りに回る。糸に一点印を付けておくと，この印は糸の上を動き円板 A に巻き取られていく。今度は，図5.4に示したように，見方を変えて円板 A を回転しないように固定し，A と B の中心軸間距離を一定に保ちながら，円板 B を円板 A の中心軸周りに反時

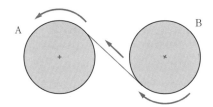

図5.3　たすき掛けの糸による回転の伝達

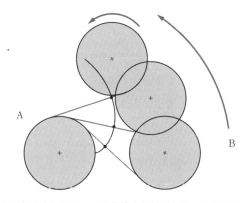

糸の上の印はインボリュート曲線上の軌跡を描いて巻き取られる
図5.4　インボリュート曲線上の軌跡

計回りで回しながら糸を巻き取っていく。すると，糸に付けた印の軌跡はインボリュート曲線を描く。

　このようにして描かれたインボリュート曲線の形に切り抜いた板を円板A，Bそれぞれに貼り付ける。そして，**図5.5**に示したように，両方の板を互いに接触させる。そして，円板Aを，両方の円板が押しあうようにして回す。すると，押し付けあう円板どうしの接点は，たすき掛けの糸の上を動くはずである。円板に巻き付けた糸をほどくときの軌跡がインボリュート曲線である。そして，それが描いた形に切り抜いた板を押しあったとき，たすき掛けに掛けた糸の印が，自らが描いたインボリュート曲線の上を動くのは当然である。

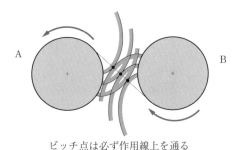

ピッチ点は必ず作用線上を通る

図5.5　インボリュート歯形による伝達

　このように，インボリュート歯形どうしがかみあう点，すなわちピッチ点は，歯車の基礎円（円板）の共通接線（たすき掛けの糸）上を連続的に移動する。言い換えれば，歯車の伝動は，たすき掛けにした糸で2軸間の回転を伝達することと，原理的には同じである。これが，インボリュート歯形が滑らかに等速度比で回転を伝達できる理由である。

5.5 ┃ インボリュート歯形の創成

　インボリュート歯形を創成するためのカッタの刃の形状は直線でよいため，加工が容易である（**図5.6**）。

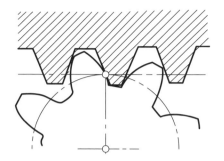

図5.6 インボリュート歯形の創成

　インボリュート曲線の法線は，作用線（基礎円の共通接線）と垂直な線とつねに平行である。また，インボリュート曲線上にあるピッチ点は作用線上を動く。したがって，インボリュート歯形の法線は一定の角度となる。このことから，直線のカッタで基礎円を少しずつ回しながらインボリュート曲線の包絡線を切削すれば歯形を創成できる。なお，ラックアンドピニオンにおいて，直線状のラック歯形がインボリュート歯形を持つピニオンと滑らかにかみあう理由も同様である。実際，インボリュート歯形の創成には，ラック形のカッタが用いられる。つまり，ラックを刃物として，円筒を回転させながら歯車を創成するのである。

5.6 ｜ 歯車の基本仕様

　歯車を設計する際には，ピッチ円直径，歯数，モジュール，圧力角，転位を決める必要がある。これらは，歯車の基本仕様である（**図5.7**）。歯車製図においては，図中の寸法ではなく歯車表に整理して掲載する。

　基礎円の回転中心から歯車どうしがかみあう点（ピッチ点）までの距離を半径とした円を**ピッチ円**（pitch circle）と呼ぶ。製図では一点鎖線で表す。このピッチ円の直径が**ピッチ円直径**（pitch diameter）である。モジュールは，ピッチ円直径／歯数である。**モジュール**（module）の名称のとおり，歯車の基準

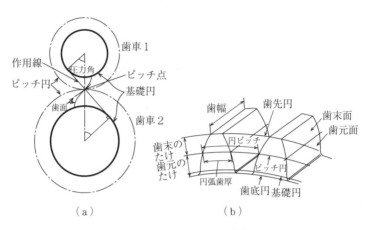

図 5.7　歯車の基本仕様 [2], [3]

単位である。モジュールはピッチ円上の 1 歯当りの長さ，すなわち，円ピッチ
を円周率で除した値である。つまり，一つの歯の大きさを表す単位といえる。
したがって，同じモジュールの歯車どうしでないとかみあわない。モジュール
は，特殊な場合を除いて，JIS B 1701 の標準値を参照して決定する。

　圧力角（pressure angle）は，歯車の中心軸を結ぶ線と作用線とのなす角度
である。つまり，歯が押しあう力の方向のなす角度である。通常，圧力角は
20 度が用いられる。

　転位（profile shift）は，歯車の軸間距離を調整したい場合に用いる
（**図 5.8**）。軸間距離は，モジュール，歯数，圧力角によって決まる。しかし，
機械の設計上，軸間距離を微調整したいことがある。軸間距離を短くしたい場
合は正転位を，長くしたい場合は負転位を施す。

　ラック形カッタで歯車を創成する場合，負転移歯車の創成においては**切下げ**
（natural undercut）に注意が必要である。切下げとは，歯の根元がラック形
カッタによってえぐられる現象である。歯数の少ない歯車の創成においても切
下げが生じる。この場合，正転位によって切下げを防止できる。また，正転位
により，根元の歯厚を大きくとることが可能であるため，歯車の強度を増すこ
とができる。一方，正転位では，つぎに説明するかみあい率が減少する。

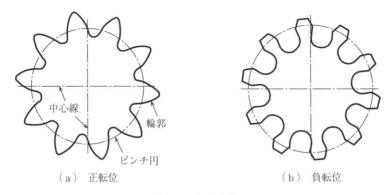

（ a ）　正転位　　　　　　　　　　　（ b ）　負転位

図 5.8　転位歯車

5.7 ｜ か み あ い 率

　作用線のうち，実際にかみあいが行われる有効長さを**かみあい長さ**という。歯車の回転に伴って，歯はつぎつぎとかみあっては離れていく。このとき，先行する歯とつぎにかみあう歯が作用線上で法線ピッチだけ離れてかみあうことになる。**法線ピッチ**とは，基礎円上で測ったピッチのことであり，基礎円直径 $\times \pi$ / 歯数で求まる。作用線上では，1 対の歯のみがかみあっている領域と，2 対の歯がかみあっている領域が生じる。この，かみあい歯対数の変化が，ばねこわさの変動を生じ，振動や騒音の原因となる。**かみあい率**（transverse contact ratio）は，かみあい長さ / 法線ピッチで求められる。一般に，かみあい率はできるだけ大きい方が良いとされるが，少なくとも 1.2 以上となるように設計する（**図 5.9**）。

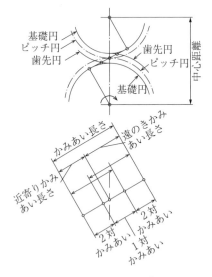

図5.9　かみあい率[3]

5.8 | バックラッシ

　歯車の創成には加工誤差を伴う。さらに，中心距離の公差，熱による膨張，潤滑油膜の油膜厚さ，負荷による歯車や軸の変形などの変動要因がある。これらを想定して，歯面と歯面の間には**バックラッシ**（backlash）と呼ばれる隙間を設けることが一般的である。バックラッシを与える方法としては

　・軸間距離を増加させる

　・歯厚を減少させる

の2種類の方法がある。伝動トルクに脈動があるときには，バックラッシが大きすぎるとたたき音が生じる。また，バックラッシは，いわゆる「がた」である。正確な位置決めを要する部分ではバックラッシがない方がよい。そこで，**ノーバックラッシギヤ**（no-backlash gear）と呼ばれる歯車を用いる場合がある（**図5.10**）。これは，2枚の歯車を重ねて用いて，バックラッシを防止する歯車である。2枚の歯車で「はさみ」のように相手方の歯を挟むことから，**シザーズギヤ**（scissors gear）とも呼ばれる。エンジンのカムシャフトの駆動な

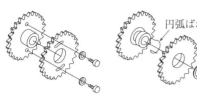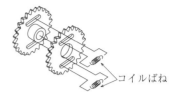

(a) 固定形　　　　(b) 円弧ばね形　　　　(c) コイルばね形

図 5.10 ノーバックラッシギヤ[4]

ど，回転角に精度が必要な場合に用いられている。

5.9 歯 車 の 選 定

伝達したい動力，トルク，回転数から歯車を選定する。歯車メーカのカタログには，回転数に対する許容伝達動力が掲載されている。これを参照して，運

表 5.1 歯車メーカのカタログから抜粋した許容伝達動力

z	b	回転速度〔min^{-1}〕						
		10	100	200	400	800	1 200	1 500
14	40	0.28	2.83	5.67	11.04	18.86	25.64	31.02
15	40	0.32	3.17	6.35	12.23	20.70	28.46	34.37
16	40	0.35	3.52	7.05	13.41	22.51	31.29	37.72
18	40	0.42	4.24	8.47	15.74	26.05	36.93	44.68
20	40	0.50	4.97	9.95	18.06	30.19	42.60	51.70
24	40	0.65	6.48	12.96	22.52	38.39	54.23	65.50
25	40	0.69	6.87	13.64	23.60	40.42	57.13	68.91
28	40	0.80	8.04	15.68	26.76	46.46	65.74	80.41
30	40	0.88	8.83	17.00	28.78	50.42	71.37	88.30
32	40	0.96	9.63	18.32	30.76	54.55	77.03	-
36	40	1.12	11.25	20.90	34.58	62.72	89.96	-
40	40	1.29	12.88	23.39	39.11	70.75	-	-
48	40	1.62	16.18	28.12	47.94	86.36	-	-
50	40	1.70	16.91	29.26	50.11	90.82	-	-

〔注〕 z：歯数，b：歯幅〔mm〕

用する回転数における伝達動力が許容範囲内となるような歯車の寸法を選定する。動力はトルク×回転数に比例するから，動力が一定とした場合，低回転のときに大きなトルクが発生することに注意する。減速機においては，減速側の歯車ほどトルクがかかるため，強度に気を付けなければならない。**表5.1** に，歯車メーカのカタログから抜粋した許容伝達動力を示す。回転速度が小さいほど，許容伝達動力も小さくなっていることがわかる。

　歯車の故障には，**折損**（breakage）と**ピッチング**（pitching）の 2 種類のモードがある。折損は，過大な曲げ応力とせん断荷重が原因となって歯が折れる故障モードである。一方，ピッチングとは，歯面のこまかな剥離であり，疲れ破壊が原因である。

5.10 歯車の材質

　歯車の材料には S 45 C などの炭素鋼が一般的に用いられる。また，モジュールが 1 以下の小型の歯車では，C 3604 B などの黄銅やポリアセタール樹脂が用いられる。同じ寸法でも，材料によって許容伝達動力は異なる。例えば，ポリアセタールの許容伝達動力は S 45 C の 20％程度である。要求される伝達動力と，重さ，寸法（歯幅）などの制約条件を考慮して，歯車の材料を選定する。

5.11 遊星歯車減速機

　歯車を複数組み合わせた減速機構として，遊星歯車減速機がある。**図5.11** に示したように，太陽歯車（サンギヤ，sun gear），遊星歯車（プラネタリギヤ，planetary gear），遊星キャリヤ，および内歯車の四つの要素から構成される。遊星歯車の軸は，遊星キャリヤに固定されている。太陽歯車を中心として，その周りを 3，4 個の遊星歯車がかみあい，さらにケースの内側に設けられた内歯車とかみあっている。

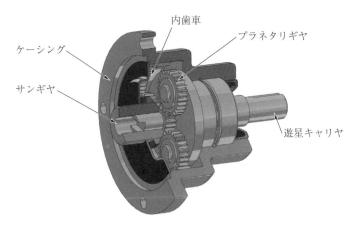

ケーシング

内歯車

プラネタリギヤ

サンギヤ

遊星キャリヤ

図5.11 遊星歯車減速機

いま，ケースを固定して太陽歯車を回すと，遊星歯車は自転しながら太陽歯車の軸周りに公転する。これに伴って，遊星キャリヤが回転する。太陽歯車の歯数を Z_a，内歯車の歯数を Z_c とすると，速度伝達比（＝入力回転数／出力回転数）は $Z_c/Z_a + 1$ となる。一般に，$Z_c > Z_a$ であるから，速度伝達比 > 2 となり，太陽歯車と遊星歯車の回転方向は一致し減速される。このように，内歯車を固定し，太陽歯車を入力，遊星キャリヤを出力とした構成を**プラネタリ型**（planetary type）と呼ぶ。

つぎに，太陽歯車を固定し，内歯車を入力軸として回転させ，遊星キャリヤを出力軸とした場合はどうなるか。この場合の速度伝達比は，$Z_a/Z_c + 1$ となる。$Z_c > Z_a$ であるから，プラネタリ型よりも速度伝達比が小さくなる。この構成を**ソーラ型**（solar type）と呼ぶ。

さらに，遊星キャリヤを固定し，太陽歯車を入力，内歯車を出力とした場合はどうか。この場合，遊星歯車が自転のみで公転しないため，速度伝達比は $- Z_c/Z_a$ となり，入出力の回転方向が逆転する。この構成を**スター型**（star type）と呼ぶ。

このように，遊星歯車減速機は，固定，入力，出力を切り替えることにより，速度伝達比と回転方向を変化させることができる。このため，回転しなが

ら減速比や回転方向を切り替えたい用途に用いられる。例えば，自動車のトランスミッションや自転車の内装ギヤなどに利用されている。そのほか，以下のような特徴を持つ。

・入力軸と出力軸を同じ軸上に配置できる。

・サイズに対して，大きな減速比を実現できる。

・複数の遊星歯車でかみあうことにより，大きなトルクを伝えることができる。

┤コーヒーブレイク├

機械の音

　歯車は，回転に伴って歯がつぎつぎとかみあい離れていくため，その際に騒音が発生する。騒音対策は，機械の設計において重要な課題である。「5.3　歯の並び」で見たように，はす歯またはやま歯にすることで静音化できる。一方，すぐ歯は加工コストが安い分，大きな騒音が出る。自動車のギヤをバックに入れて後退するとウィーンとうなるような音がする。これは，バックギヤにすぐ歯が用いられていることを意味する。バックに入れるときは，歩行者に注意させる必要があるから，むしろ音が鳴った方がよい。さらに，加工のコストも安く済むため一石二鳥である。このように，状況によっては，騒音が何らかの情報を伝えるシグナルとして機能することもある。

　ハイブリッド車の電気走行モードは非常に静かであるが，歩行者にとって車が接近していることを気付きにくくするため危険であるとの指摘がある。このため，周囲の歩行者に対して，自車の存在を通知する目的で車両接近通報装置が搭載されている。このように，騒音低減という観点で見れば走行音が静かなことは良いことであるが，安全性の面では負に作用することもある。

　自動車のドアの開閉音，バイクのエンジン音，一眼レフのシャッタ音など，機械の音自体が，その製品の魅力に寄与する場合もある。この場合，魅力的な音になるように機械を設計する音のデザインが必要になる。

　このように，機械の音は，騒音だけでなく，シグナルや魅力要素として機能しうるため，それぞれに対応した設計が求められている。

63演 習 問 題

演 習 問 題〔**5.1**〕 2枚の円板を押し付けて回転を伝える。いま，動力 P〔W〕のモータで，円板を回転数 N〔rpm〕で回転させた。このとき，円板に働くトルク T を P と N を用いて表せ。

〔**5.2**〕 1 500 rpm で回転する駆動装置の回転を二つの平歯車で伝達し，500 rpm で受動装置を回転させたい。また，駆動・受動装置の回転軸間の距離を 32 mm としたい。

① 二つの平歯車のピッチ円直径を求めよ。

② モジュールを 0.8 とした場合の歯数を求めよ。

③ 駆動側と受動側の歯車にかかるトルクの比を駆動：受動で示せ。

〔**5.3**〕 遊星歯車減速機の太陽歯車，遊星歯車，内歯車の歯数を，それぞれ，Z_a，Z_b，Z_c とする。このとき，プラネタリ型およびソーラ型の速度伝達比が，それぞれ $Z_a/Z_c + 1$，$Z_a/Z_c + 1$ となることを導出せよ。

〔**5.4**〕 歯車の騒音の原因と対策を答えよ。

〔**5.5**〕 バックラッシを設ける方法を答えよ。

6章 動力・運動の伝達4：接続

◆ **本章のテーマ**

　歯車などの回転体は，軸を介して動力源と接続する。本章では，軸と回転体，および軸と軸を接続するための方法と，そのための機械要素について学ぶ。軸と回転体との接続として，キーを用いた設計に必要な知識を習得する。軸と軸の接続については，軸継手の種類と用途について学ぶ。

◆ **本章の構成（キーワード）**

6.1　軸と回転体の接続
　　　圧力ばめ，焼きばめ，止めねじ，キー，キー溝

6.2　キーの種類
　　　平行キー，勾配キー，半月キー

6.3　キー溝の加工法と製図
　　　エンドミル，縦フライス，横フライス

6.4　スプラインとセレーション
　　　スプライン，セレーション

6.5　軸と軸の接続
　　　心ずれ，偏心，偏角，エンドプレイ，軸継手，固定軸継手，たわみ軸継手，ユニバーサルジョイント

◆ **本章を学ぶと以下の内容をマスターできます**

☞　軸と軸をつなぐための方法

☞　キーの設計

☞　スプラインとセレーションの特徴

☞　軸継手の種類と用途

6.1 | 軸と回転体の接続

　歯車などの回転体と軸を接続して，軸から回転体へ，または回転体から軸へ動力および回転運動を伝達したい。このとき，どのような固定方法が考えられるであろうか。

　軸と回転体の接続には，圧力ばめ，止めねじ，キー，スプライン，セレーションなどの方法がある（**表6.1**）。これらは，要求される，軸心の位置決め精度，伝達トルク，分解のしやすさなどにおいてそれぞれ特徴を持つ。したがって，目的に応じて適当な接続方法を選定する必要がある。

表6.1　軸と回転体の接続方法とその特徴

	軸心位置決め精度	伝達トルク	分解性
圧力ばめ	◎	◎	×
止めねじ	×	×	◎
キー	○	○	○

6.1.1 圧 力 ば め

　軸径より少し小さな穴径を設けることで，軸と穴との間に圧力を発生させ，接触面に生じる摩擦力により強固に接続する方法を**圧力ばめ**（force fit）という。軸径よりも穴径の方が小さいため，軸を挿入させるためには圧力を加える必要がある。回転体が金属の場合，穴部を加熱し穴径を膨張させてから軸を挿入し，その後，冷やして締める方法を**焼きばめ**（shrink fit, shrinkage fit）という。圧力ばめは，高トルクを伝達することが可能である。また，軸と回転体の中心軸の高い位置決め精度を保証することができる。そのため，車軸と車輪やタービンの軸と羽根車の接続などに用いられている。一方，圧入した軸を外すことは容易でなく分解性に難がある。そのため，半永久的な接続に適した方法である。

6.1.2 止 め ね じ

図6.1に示したように，回転体にねじを切り，軸に平面部やくぼみを設けて**止めねじ**（setscrew）で固定する方法である。ねじによる固定のため分解性に優れる。しかし，軸心がずれやすい，大きなトルクを伝えられない，などのデメリットがある。オーディオのボリューム調節つまみや，模型など，負荷が小さい箇所に用いられる。

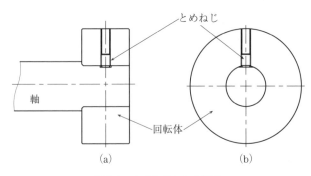

図6.1 止めねじによる固定

6.1.3 キ   ー

軸と回転体の穴の円周面に溝を掘り，脱着可能な歯を挿入して動力を伝える方法である。円周上に設けた溝を**キー溝**（key way）という。また，溝に挿入する歯を**キー**（key）という。キーによる接続は，分解性に優れる，また，止めねじよりも大きなトルクを伝えることが可能である。さらに，軸心の位置決め精度も確保しやすい。これらの特徴から，広く用いられる軸の接続方法である。

6.2 ｜ キ ー の 種 類

キーの種類には，**図6.2**に示すように，平行キー，勾配キー，滑りキー，半月キーがある。平行キーは，軸中心に対して平行に設けたキー溝，およびキー

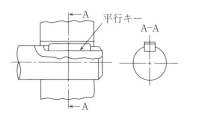

（ａ） 沈みキー（平行キー）

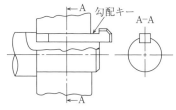

（ｂ） 沈みキー（勾配キー（頭付き））

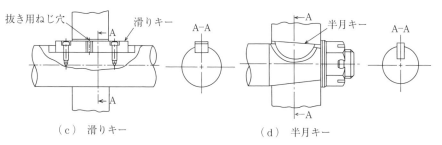

（ｃ） 滑りキー

（ｄ） 半月キー

図6.2 キーの種類[1]

である。最も強大なトルク伝達に適する。平行キーには，普通形，締込み形，および滑動形がある。普通形は，あらかじめキーを軸のキー溝に中間ばめではめておき，これを穴のキー溝にはめ込む。締込み形は，キーを軸のキー溝に締まりばめではめておき，これを穴のキー溝にはめ込む。中間ばめとは，締まりばめと隙間ばめの中間であり，隙間ばめよりは隙間が小さい。

　滑動形は，軸上を回転体がしゅう動できるようにしたキーである（滑りキーともいう）。滑動形の場合，キーがハブと一緒に動かないようにするために，キーをねじで軸に固定する。

　勾配キーは，穴のキー溝とキーに勾配を設けたものである。軸を穴にはめた後に，キーを打ち込む。取外しを容易にするために，頭を付けたキーと，付けないキーがある。軸と穴の間の隙間が大きい場合，勾配キーはくさび作用により軸心がずれやすい。また，円周方向に隙間が大きいため，トルクの伝達には不利である。

　半月キーは，文字どおり半月形状をしたキーである。軸のキー溝も円弧状に

掘られるため，軸と穴のはめあいが自動的に確保されるメリットがある。その
ため，テーパ軸のキーとしてよく用いられる。また，キー溝の加工が容易であ
る。ただし，平行キーと比べて軸のキー溝が深く掘られるため弱くなり，軸径
に余裕が必要となる。

　図 6.3 に，平行キーの所要寸法を示す。キーの呼び寸法である幅 b × 高さ
h，および長さ l を求める。キーの寸法を設計するためには，どの程度のトル
クを伝えたいのか，すなわち所要伝達トルクを求める必要がある。所要伝達ト
ルクは，動力源の動力と回転数によって決まる。動力と回転数の単位はそれぞ
れ，〔W = N·m/s〕，および〔1/s〕である。したがって，動力 / 回転数とトル
ク〔N·m〕は比例する。つまり，所要伝達トルクは，接続する動力源の動力だ
けでなく，回転数に依存することに注意する。

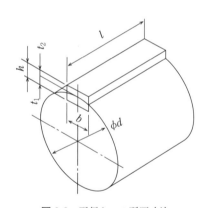

図 6.3　平行キーの所要寸法

　所要伝達トルクに基づいて，キーと軸の材料を決める。キーの材料には，一
般に引張強さ 600 MPa 以上の炭素鋼が使用される。このため，キーの許容せ
ん断応力は 30 ～ 40 MPa，許容面圧は 100 ～ 150 MPa が選ばれる。

　図 6.4 に，キーに生じるせん断応力と面圧を図示する。許容せん断応力を τ_a，
許容面圧を σ_a とすると，伝達しうる最大トルク $T_{\max}$ は，式（6.1）で表せる。

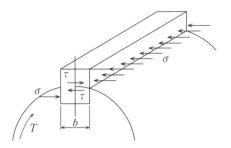

図 6.4 キーに生じるせん断力と面圧

$$T_{\max} = \min\left(\frac{\tau_a lbd}{2},\ \frac{\sigma_a lhd}{4}\right) \tag{6.1}$$

ただし，l はキーの長さ，d は軸径である。所要伝達トルク T と許容せん断応力 τ_a から，軸径 d は式（6.2）により求まる。

$$d = \sqrt[3]{\frac{16T}{\pi \tau_a}} \tag{6.2}$$

ただし，キー溝を軸に掘った軸は，キー溝部分に応力集中が生じるため，キー溝がない軸と比べて軸の強度が低下する。キー溝付き軸のねじり応力 τ' とキー溝なし軸のねじり応力の比は，ムーアの実験式から式（6.3）のように求まる。

$$\frac{\tau'}{\tau} = 1.0 - \frac{0.2b}{d} - \frac{1.1t}{d} \tag{6.3}$$

ここで，t はキー溝深さである。ただし，JIS で規格化されたキー寸法では，軸径が 20 mm 以上の場合 $\tau'/\tau = 0.75 \sim 0.85$ となる。そこで，簡易計算法として，$\tau'/\tau = 0.75$ として軸系を求める方法がある。

求めた軸径に基づき，伝達しうる最大トルクが所要トルクを満たすように，キーの寸法，すなわち $b \times h$ および l を JIS B 1301 から選定する（**表 6.2**）。

表6.2　平行キー用のキー溝の寸法（JIS B 1301 より抜粋）

キーの呼び寸法 $b \times h$	b_1 および b_2 の基準寸法	滑動形		普通形		締込み形	r_1 および r_2	t_1 の基準寸法	t_2 の基準寸法	t_1 および t_2 の許容差	参考
		b_1	b_2	b_1	b_2	b_1 および b_2					適応する軸径 d
		許容差 (H9)	許容差 (D10)	許容差 (N9)	許容差 (Js9)	許容差 (P9)					
2 × 2	2	+0.025 0	+0.060 +0.020	−0.004 −0.029	±0.0125	−0.006 −0.031	0.08~0.16	1.2	1.0	+0.1 0	6~8
3 × 3	3							1.8	1.4		8~10
4 × 4	4	+0.030 0	+0.078 +0.030	0 −0.030	±0.0150	−0.012 −0.042	0.16~0.25	2.5	1.8		10~12
5 × 5	5							3.0	2.3		12~17
6 × 6	6							3.5	2.8		17~22
(7 × 7)	7	+0.036 0	+0.098 +0.040	0 −0.036	±0.0180	−0.015 −0.051		4.0	3.3	+0.2 0	20~25
8 × 7	8							4.0	3.3		22~30
10 × 8	10						0.25~0.40	5.0	3.3		30~38
12 × 8	12	+0.043 0	+0.120 +0.050	0 −0.043	±0.0215	−0.018 −0.061		5.0	3.3		38~44
14 × 9	14							5.5	3.8		44~50
(15 × 10)	15							5.0	5.3		50~55
16 × 10	16							6.0	4.3		50~58
18 × 11	18							7.0	4.4		58~65
20 × 12	20	+0.052 0	+0.149 +0.065	0 −0.052	±0.0260	−0.022 −0.074	0.40~0.60	7.5	4.9		65~75
22 × 14	22							9.0	5.4		75~85
(24 × 16)	24							8.0	8.4		80~90
25 × 14	25							9.0	5.4		85~95
28 × 16	28							10.0	6.4		95~110
32 × 18	32	+0.062 0	+0.180 +0.080	0 −0.062	±0.0310	−0.026 −0.088		11.0	7.4		110~130
(35 × 22)	35						0.70~1.00	11.0	11.4	+0.3 0	125~140
36 × 20	36							12.0	8.4		130~150
(38 × 24)	38							12.0	12.4		140~160
40 × 22	40							13.0	9.4		150~170
(42 × 26)	42							13.0	13.4		160~180
45 × 25	45							15.0	10.4		170~200
50 × 28	50							17.0	11.4		200~230

6.3 キー溝の加工法と製図

　キー溝の機械加工には，エンドミルを用いた縦フライス，および横フライスのいずれかが用いられる。加工法によって，端部のRが生じる方向が異なる（図6.5）。したがって，キー溝を製図する場合には，Rの付け方によって，加工方法を示唆することとなる。また，キー溝の端部をRなしに加工することは，フライスを用いた加工では非常に困難であるため，製図においては注意する必要がある。

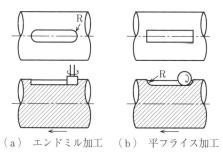

（a）　エンドミル加工　　（b）　平フライス加工

図6.5　キー溝の形状と加工方法

6.4 スプラインとセレーション

　スプライン（spline）は，軸および穴の周りに等ピッチで直接キーを掘り出して接続する方法である。スプラインは歯数分だけキーを設けていることと等価なため，キーに比べて大きな動力を伝達できる。また，はめあいを緩めることにより，軸方向に軸または穴をしゅう動させることができる。スプラインの歯形としては，角形（溝数 = 6 〜 10），およびインボリュート（歯数 = 6 〜 40）などがある（**図6.6**（a），（b））。

　セレーション（serration）は，「serrate ＝のこぎり歯状の，ぎざぎざの」か

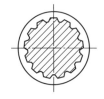
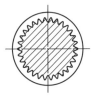

（a）　角形スプライン　　　　（b）　インボリュート　　　（c）　セレーション
　　　　　　　　　　　　　　　　　スプライン

図 6.6　スプラインとセレーション [1]

らくるように，スプラインよりも歯のピッチを細かくした方式である（歯数 =
10 ～ 60）（図 6.6（c））。大きな動力を伝達可能であり，円周方向のかみ合わ
せ位置を細かく調整できる。スプラインと異なり，軸と穴が軸方向にしゅう動
しない。遊びを設けず，半永久的な結合部に用いる。使用例として，自動車の
ステアリングシャフトとステアリングホイールの接続などに用いられる。スプ
ラインおよびセレーションの伝達トルクは，歯数が多いことからせん断強度が
大きい。そのため，面圧強度によって決まる。

6.5　軸と軸の接続

　軸と軸をつなげて回転やトルクを伝達したい場合，軸継手を介して軸間の接
続を行う。加工や取付けの精度によって，通常，接続したい軸と軸の中心軸は
ずれる。これを**心ずれ**（misalignment, off center）という。軸の接続において
は，想定される心ずれに対応した軸継手を選ぶ必要がある。**図 6.7** に示したよ
うに，心ずれは，偏心，偏角，エンドプレイがある。偏心とは，軸の端点にお
ける中心軸間のずれである。偏角は，中心軸間がなす角度である。エンドプレ
イは，軸方向への移動や変形である。

　軸継手は，用途に応じてさまざまな種類が市販されている。心ずれをどの程
度許容するかによって，6.5.1 ～ 6.5.3 項の 3 種類に大別できる。

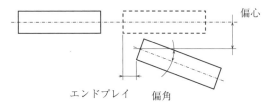

図 6.7 心ずれの種類

6.5.1 心ずれを極力抑えた設計

加工公差を追い込み，可能な限り心ずれを生じないようにする，あるいは組立て時に心合わせを前提とする設計である。この場合，**固定軸継手**（fixed shaft coupling）を使う。固定軸継手は，ボルトやキーを用いて 2 軸を完全に固定する方式である。トルクだけでなく，曲げモーメントや軸力を伝達することができる。また，ねじり剛性を増大させることができる。ただし，フランジおよび軸に対して高い加工精度を要求する。そのため，加工コストがかかる。また，組立て時の心合わせは慎重に行う必要がある。

図 6.8 に，固定軸継手として広く用いられるフランジ形固定軸継手を示す。軸とフランジをキーで接続し，フランジどうしをリーマボルトで締結する。リーマボルトのせん断力，およびボルトの締付けにより生じるフランジどうしの接続面に生じる摩擦力によりトルクを伝達する。大きなトルクの伝達には，

図 6.8 フランジ形固定軸継手（JIS B 1451 を基に作図）

フランジにはめ込み部を設ける。これにより，はめあいで接続し，心ずれを抑える。リーマボルトは，ねじ部でせん断を受けないように軸部の範囲を設計する必要がある。

6.5.2 ある程度の心ずれを許容する設計

ある程度の心ずれは軸継手で吸収しようとする場合，**たわみ軸継手**（flexible shaft coupling）を用いる。たわみ軸継手は，一般にトルクのみを伝達し，曲げモーメントや軸力は伝達できない。しかし，心ずれを許容できるため，組立て性に優れる。また，振動に対する低減性能にも優れる。

図6.9に，フランジ形たわみ軸継手の例を示す。フランジ形たわみ軸継手は，フランジ形固定軸継手のボルトをゴム，ばね，革などで包むことで，その弾性により心ずれを矯正する方式である。ゴム軸継手は，軸に取り付けたフランジの間にゴムでできた中間部を挟み込んだ継手である（**図6.10**）。ゴムの弾性により大きな心ずれを許容できる。

ボルト

ブッシュ

図6.9　フランジ形たわみ軸継手（JIS B 1452 を基に作図）

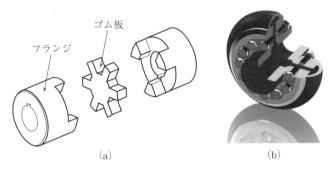

フランジ
ゴム板

(a) (b)

図6.10 ゴム軸継手（左：せん断型，右：圧縮型）（JIS B 1455 を基に作図）

6.5.3 偏角を前提とした設計

軸間の角度を大きくとり，回転方向を変えたい場合，補正式たわみ軸継手の一種である，自在軸継手や等速ボールジョイントを用いることができる。自在軸継手は，2軸が30度以下の角度を持ってトルクを伝達する場合に用いられる。**ユニバーサルジョイント**（universal joint）とも呼ばれている（**図6.11**）。自在軸継手は駆動軸の角速度が一定であっても，受動軸の角速度は変動する。等加速度にするためには，同一の交差角を持つ二組の継手を同一平面上に設ける必要がある。一方，等速ボールジョイントは，2軸の角速度を一定にできる（**図6.12**）。また，小型で大きなトルクを伝えることが可能である。

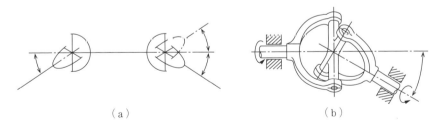

(a) (b)

図6.11 自在軸継手

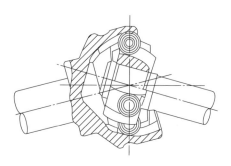

図6.12　等速ボールジョイント[2]

演習問題

〔**6.1**〕　回転数 $N = 1\,200$ rpm で，動力が $P = 4$ kW のモータがある。このモータ
と受動軸を平行キーで連結したい。このとき，軸径 d とキーの寸法（幅 b と高さ h）
を JIS B 0901 および JIS B 1301 を用いて選定せよ。ただし，軸の許容せん断応力 τ_a
$= 30$ MPa，キーの許容面圧 $\sigma_k = 150$ MPa，キーの許容せん断応力 $\tau_k = 40$ MPa の材
料を使用することとする。また，キーの長さ l は，軸径 d と同じとする。

〔**6.2**〕　勾配キーと半月キーの特徴を，それぞれ簡潔に説明せよ。

〔**6.3**〕　「偏心」，「偏角」を用いて，固定軸継手，たわみ軸継手，自在軸継手の用途
をそれぞれ簡潔に説明せよ。

7章 結合

◆本章のテーマ

これまで見てきたように，機械は複数の部品を組み合わせて構成するのが普通である。このとき，部品どうしを組み合わせて固定する必要がある。本章では，機械部品どうしの結合について，ねじを用いた締結とそれに必要な設計について学ぶ。まず，ねじを構成する基本要素と主要なねじ部品の種類を学ぶ。つぎに，ボルトによる部材の締結における力学や強度を理解する。これにより，ボルトを用いた締結の設計に必要な基礎知識を習得する。さらに，運用において重要なねじの緩み止めの方法と，設計に必要なねじの作成方法について学ぶ。

◆本章の構成（キーワード）

7.1 部品の結合とねじ
    ねじ，リベット

7.2 ねじの基本要素
    リード，リード角，ピッチ，
    角ねじ，三角ねじ，ねじ山角

7.3 ねじ部品の種類
    ボルト，ナット，不完全ねじ
    部，全ねじ，座金，小ねじ

7.4 ボルトによる締結
    予張力，内外比，締付け線図

7.5 軸力と締結トルク
    軸力，摩擦角

7.6 ねじの自立
    ねじの自立

7.7 ねじ効率
    ねじ効率

7.8 ボルトの締結トルク
    摩擦トルク，座面

7.9 締結の方法
    押さえねじ，通しねじ，植込
    みねじ

7.10 ねじの強度
    有効断面積，熱処理，引張強
    さ，降伏点，強度区分

7.11 ねじの緩み止め
    ねじの緩み，へたり，ダブル
    ナット，ナイロンナット

7.12 ねじの作り方
    転造，タップ，ダイス

◆本章を学ぶと以下の内容をマスターできます

☞ 部品どうしを結合するための方法
☞ ねじの力学
☞ ねじの種類と用途
☞ ボルトを用いた部品の締結方法
☞ ねじの緩み止め

7.1 | 部品の結合とねじ

　ねじは，複数の部品を固定するために最も多用されている。金属や木材など材質によらず用いることができる。また，分解が容易である。ねじは，回転運動を直線運動に変換する機構であり，部材の締結だけでなく，送りねじや，増力などの用途としても使われる。ねじを用いた部品のうち，ボルトが金属部品の締結によく用いられる。ねじ以外の締結方法としては**リベット**（rivet）がある。リベットは，頭部とねじ部のない胴部から成り，穴を開けた部材に挿入して専用の工具でかしめることで反対側の端部を塑性変形させ，締結する機械要素である。分解を想定しない部品の結合などに使われる。

7.2 | ねじの基本要素

7.2.1　リードとピッチ

　図 7.1 に示したように，ねじは，円筒にらせんを描くように溝を切った形をしている。いま，半径 r の円筒に，斜辺の傾斜角 β，隣辺 $2\pi r$，対辺 L の直角三角形の型紙を巻き付けると，斜辺は円筒上にらせん（つる巻線）を形づくる。このとき，長さ L は，ねじを 1 回転したときに軸方向に進む距離であり，これを**リード**（lead）と呼ぶ。

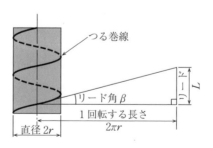

図 7.1　ねじのらせんとリード角

$$\tan\beta = \frac{L}{2\pi r} \qquad\qquad (7.1)$$

という関係があり，β を**リード角**（lead angle）という。すなわち，リード角を大きくすればリードが大きくなり，ねじが進む距離も大きくなる。一方，ねじの山と山の間隔 p は**ピッチ**（pitch）という。一つのつる巻線の上に切ったねじでは，ピッチはリードと同じである。

　ところが，ねじには，複数のつる巻線の上を切ったねじがある（**図7.2**）。つる巻線1本のものを**一条ねじ**（single thread），つる巻線が2本のものを**二条ねじ**（double thread），3本のものを**三条ねじ**（three thread screw）という。条数を n としたとき

$$L = np \qquad\qquad (7.2)$$

となる。すなわち，条数を増やすことで，同じピッチのねじのリードを n 倍にし，1回転当り n 倍の距離を送ることができる。

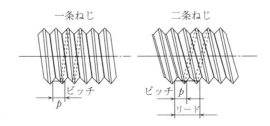

図7.2　一条ねじと二条ねじ

7.2.2　ねじ山の形

　らせん上に切るねじの形は，**ねじ山の形**（thread shape）という。ねじ山の形には，その断面形状から，三角ねじ，角ねじ，台形ねじ，管用ねじがある（**図7.3**）。

　〔1〕　**三角ねじ**　　断面が三角の形状をしたねじであり，おもに締結用のねじとして広く使われている。ねじの断面において，ねじ面のなす角を**ねじ山角**（angle of thread）という。三角ねじは，ねじ山角が60°である。三角ねじ

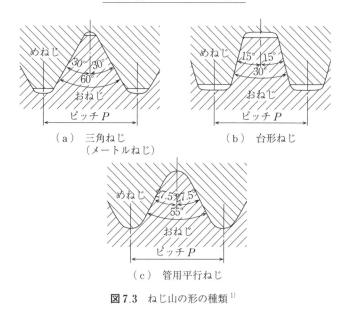

図7.3　ねじ山の形の種類 [1]

には，ミリメートル単位で表したメートルねじと，インチ単位で表したユニファイねじがある。メートルねじは，並目ねじと，細目ねじがある。並目ねじは，一般締結用に最も多く用いられており，JIS B 0205-2 に定められている。細目ねじは，ピッチが並目ねじよりも細かく緩みにくい。そのため，緩みが問題となる部分に用いられる。メートルねじの寸法は，「M6」のように，メートルを意味する「M」と呼び寸法（ねじ部の直径）の組合せで表す。ユニファイねじは，米国とカナダが中心となって規格化したねじである。ねじのピッチは，1インチ当りのねじ山の数で与えられている。航空機用や，身近なところではカメラの雲台などで用いられている。

〔2〕　**角ねじ，台形ねじ**　　ねじ山の形状がそれぞれ，矩形と台形をしたねじである。三角ねじが締結用に用いられるのに対して，角ねじ，台形ねじは送りねじとして動力を伝達する運動用に用いられる。角ねじは ISO や JIS で規格化されていない。送りねじ用のメートル台形ねじは，ねじ山角度が29°または30°としたものが用いられる。ねじ山角度30°のメートル台形ねじは JIS B 0216

で定められている。寸法の表し方は「Tr10 × 1」のように，Tr［呼び径］×
［ピッチ］である。ねじ山角度 29° の台形ねじは，ねじ山表示が 1 インチ当り
の山数で表示するが JIS には規格化されていない。

〔3〕 **管用ねじ**　　管用ねじは，管や流体機械などの接続箇所の締結に用い
られる。接合箇所の管の強度を維持するために，ねじ山の高さを低く，ピッチ
を小さくしている。ねじ山の角度は 55° である。ピッチはユニファイねじと同
様に 1 インチ当りのねじ山で数えられる。管内を流れる流体が漏れないように
密閉性を高めたテーパねじ（JIS B 0203）や，単に機械的な接合を行うための
平行ねじ（JIS B 0202）がある。

7.3 | ねじ部品の種類

ねじ部を持つ機械部品を**ねじ部品**（screw parts）という。ここでは，おも
に，締結用に用いられるねじ部品を紹介する。

7.3.1　六角ボルト，六角ナット

ねじの頭の形が六角形状をしたおねじと，六角形状のナット（めねじ）であ
る。機械設計において，締結用として最も一般的に用いられる。**図7.4**に六角
ボルトの各部名称を示す。ねじが完全に切られていないねじ部を**不完全ねじ部**
（incomplete thread）と呼ぶ。ボルトとナットで締結する際には，完全ねじ部

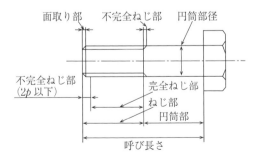

図7.4　六角ボルトの各部名称

でナットが締まるように呼び長さを設計する必要がある。円筒部がないボルト
を**全ねじ**（full screw）という。

　六角ボルトの呼びは，JIS B 1180 で規定されており，例えば，「M12 × 1.5
× 80-10.9- 部品等級 A」のように，M［呼び径］×［ピッチ］×［呼び長さ］
－［強度区分］－［部品等級］である。ここで，強度区分は，［引張強さ］.［降
伏点 / 引張強さ］である。例えば，強度区分 10.9 の場合，引張強さが
1 000 N/mm^2，降伏点 / 引張強さが 90% であることを意味する。SS 400 で 4.6
か 4.8，熱処理をした S 45 C で 8.8，SMC 435 などのクロムモリブデン鋼で
10.9 程度である。

　六角ナットの呼び高さは，ねじの呼び径を d とするとほぼ 0.9d である。ま
た，六角ボルトの頭の高さは 0.7d である。スペース上の制約などから，呼び
高さを約 0.5d と薄くした六角低ナットや，ボルトの頭の高さを低くした低頭
ボルトがある。低頭ボルトは，締め付けた際のせん断力でナットやボルト頭が
たわみやすくなる。このように，ボルト頭やナットの高さは，締付けによるせ
ん断力によりたわまない厚みを確保する必要がある。

7.3.2　六角穴付きボルト

　ボルト頭を円形にして，六角形状の溝を開けたボルトである。ボルト頭の直
径が 1.5d と小さいため，頭部を締結部に沈めたい場合に適する。締め付ける
ためには，六角レンチ（断面が六角形の棒状の工具）をボルト頭の六角溝に差
し込んでボルトを回す。そのため，スパナが入りづらい狭い場所の締付けが可
能である。材料としてクロムモリブデン鋼などの合金鋼が一般的に使われてお
り，六角ボルトに比べて強度が高いことも特徴である。また，表面は，耐食性
のため，酸化皮膜処理が施されている。

7.3.3　座　　　　　金

　座金（washer）は，ねじ頭やナットと部材の間に挿入して用いる穴の開い
た板状の部品である。ナットを用いることで，締付け時に部材を傷付けること

を防ぐ。部材表面が粗く，締付け時の摩擦が大きい場合，座金を挟むことで摩擦を小さくし，十分な締付けを確保する。部材が柔らかい場合は，接触面積を増してねじ頭が部材に沈み込むことを防ぐ。板状の平座金と，ばね状のばね座金がある。ばね座金は，近年では，ボルトの緩み止め効果はほとんど期待できないとされており，ボルトが緩んだ際の落下防止程度しか効果がない。

7.3.4 小 ね じ

大きな力がかからない部品を固定する際に，さまざまな小ねじが利用できる。ボリュームのつまみなどを固定する際に，ねじ頭のない**六角穴付き止めねじ**（hexagon socket head screw）が使われる。ボルト頭を部材に埋め込み，部材の表面を平坦にしたい場合に，皿小ねじを使うことができる。部材に円すい状の溝を設けることで，円すい形状のねじ頭を埋め込む。

7.4 | ボルトによる締結

図 7.5 に示したように，2 枚の板をボルトとナットで締め付けることを考える。ボルトを時計回しに回すと，ボルト頭とナットの距離が近付き，ボルト頭と上の板，ナットと下の板が接する。さらにボルトを回すと，板どうしが締め付けられる。このとき，板どうしが押さえ付けられ圧縮力が生じる。この圧縮

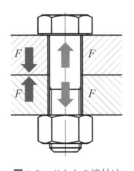

図 7.5 ボルトの締付け

力によって，ボルト頭とナットに接している板の部分（筒状の部分）は，圧縮
される。これと同時に，ボルトは引張力により引っ張られて伸びる。このと
き，板の圧縮力とボルトの引張力は釣り合う。これが，ボルトによる締結であ
る。

　ボルトを締め付けたときにボルトに生じる引張力を軸力，または予張力（あ
らかじめ生じさせた張力）という。ボルトの軸力は，ボルトを締めれば締める
ほど大きくなる。軸力は，ボルトによる締結において非常に重要である。例え
ば，圧力容器の蓋をボルトで締めたとしよう。このとき，容器内の圧力が蓋を
押し，蓋を引き離そうとする。このとき，蓋を締めた圧縮力がゼロ以下になれ
ば，内部にある高圧のガスが蓋の隙間から外に漏れてしまう。

　これを，2枚の板の締結に置き換えて考えると，板どうしを引き離す方向
（ボルトの軸方向）に外力 W が加わることと同じである。このとき，板どうし
の圧縮力（＝軸力）がゼロ以下になると，板が引き剝がされる。では，外力
W で板どうしが引き離されないようにするには，どれだけの軸力が必要だろ
うか。

　いま，予張力 F でボルトを締め付けたとする。その後，負荷 W で板を引き
離す方向に引っ張った。このとき，板どうしの圧縮力は F_p だけ減少し，$F -$
F_p となる。同時に，ボルトはさらに引張力 F_b が加わり $F + F_b$ となる。した
がって，負荷 W は

$$W = (F + F_b) - (F - F_p) = F_b + F_p \tag{7.3}$$

となり，ボルトの引張力の増加分と板の圧縮力の減少分との和となる。外力
W で板どうしが引き剝がれない条件は，板の圧縮力がゼロ以下にならない条
件である。すなわち

$$F - F_p > 0 \tag{7.4}$$

である。したがって，F_p よりも大きな予張力 F で締めればよいことがわかる。
では，F_p と W の関係はどのようになるだろうか。負荷 W をかけたとき，ボ
ルトが引っ張られて伸び，その伸び量を δ とする。ボルトのばね定数を k_b と
すると，フックの法則から，$F_b = \delta k_b$ が成り立つ。ボルトの伸び量 δ は，板

どうしの圧縮の減少量と同じである。したがって，板のばね定数を k_p とすると，フックの法則から，$F_p = \delta k_p$ である。よって

$$W = F_b + F_p = \delta(k_b + k_p) \tag{7.5}$$

となる。ここで，ボルトの張力の増加分 F_b と負荷 W の比

$$\phi = \frac{F_b}{W} = \frac{k_b}{k_b + k_p} \tag{7.6}$$

を，内力と外力の比の意味から**内外比**（load factor）という。これを用いると

$$F_b = \phi W \tag{7.7}$$

$$F_p = (1 - \phi) W \tag{7.8}$$

となり，内外力比と負荷 W のみで，F_b と F_p の両方がわかる。これを図で表したのが**締付け線図**（joint diagram）と呼ばれる図である（**図 7.6**）。横軸が軸方向の変形量，縦軸が軸方向の力を表している。傾き k_b の右肩上がりの線が，ボルトを締め付けた際のボルトの伸びと軸力の増加の関係を表している。傾き k_p の左肩上がりの線は，板の圧縮量と圧縮力を表している。この二つの線の交点が，ボルトを締め付けた際の予張力である。ここから，負荷 W を加えると，その分力として，ボルトの圧縮力が F_b だけ増加し，板の圧縮力が F_p だけ減少する。F_p が F より大きくなると，圧縮力はゼロ以下となり締め付けられていない状態，圧力容器であれば，蓋が閉まらず内部のガスが漏れる状態とな

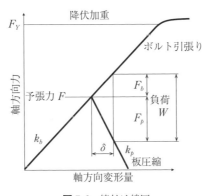

図 7.6　締付り線図

る。

さて，$F_p = (1 - \phi)W$ であるので，同じ負荷 W に対して，内外力比 ϕ が大きいと F_p が小さい，すなわち，板どうしが離れにくい。

$$\phi = \frac{k_b}{k_b + k_p} = \frac{1}{1 + k_p/k_b} \tag{7.9}$$

であるので，ボルトのばね定数 k_b を大きくすると，ϕ が大きくなり F_p が小さくなる。具体的な方法としては，ヤング率の高い材料のボルトを用いる，ボルトの径を太くするなどが挙げられる。これにより，板が離れにくくなる。

しかし，板の圧縮力低下を抑えた分，ボルトに生じる引張力 $F_b = \phi W$ は大きくなる。特に，負荷 W が振動するような場合においては，ねじ部品の疲れ破壊が問題となる。F_b をねじの有効径で割った応力振幅に抑えることが，ねじの疲れ破壊を防ぐために重要である。そのために，ϕ を小さくする対策が考えられる。具体的には，ねじの円筒径を細長くすることでボルトのばね定数 k_b を小さくし，ϕ を低減させることにより，ねじにかかる応力振幅を抑える方法がある。このように，ボルトは太ければ安全というわけではなく，負荷が振動する場合は，適度に細いボルトを選んだ方が疲労破壊を防げて安全な場合がある。

7.5 ｜ 軸力と締結トルク

前節では，ボルトの締結において軸力 F が重要となることを見てきた。圧力容器の蓋などの非締結物にかかる負荷に対抗する一定以上の軸力で締めることが必要であった。目標とする軸力となるようにボルトを締めるためには，どのような方法が考えられるだろうか。軸力を直接的に計測することは難しい。そこで，トルクレンチを用いて，締付け時のトルクを計測しながら，締付けトルクで軸力を管理する方法がよく用いられる。そのためには，締付けトルクと軸力の関係を理解する必要がある。

角ねじの場合　一般に，締結用には三角ねじが使われるが，その理由を理

解するために，まず，角ねじによる締付けを考える。ねじは，軸にらせん状の溝を切ったものであった。**図7.7**のように，おねじのらせんを展開すると，めねじは，リード角を傾斜角とした坂の上に置かれた物体としてみなすことができる。ねじを締めるということは，この物体を坂の上に押し上げていくことに等しい（**図7.8**）。このとき，物体を水平方向に押す力をQとすると，締付けトルクTは

$$T = \frac{d}{2} Q \tag{7.10}$$

である。ただし，dはねじの有効径である。そして，軸力Fは，この物体を垂

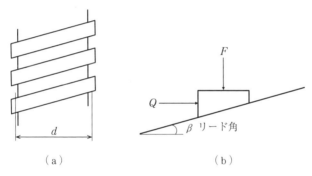

（a）　　　　　　　　　　　（b）

図7.7 ねじの展開図における締付け力と軸力

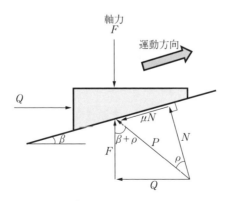

図7.8 ねじを締める場合の締付け力と軸力の関係

直方向（軸方向）に押し付ける力を意味する。おねじとめねじが接する面には摩擦がある。この摩擦係数を μ とすると，法線力 N に対して μN の摩擦力が働く。法線力と摩擦力がなす角

$$\rho = \tan^{-1}\left(\frac{\mu N}{N}\right) = \tan^{-1}\mu \tag{7.11}$$

を**摩擦角**（friction angle, angle of friction）といい，ねじ面に生じる摩擦の大きさの指標として用いられる。これを用いると締付け力 Q と軸力 F の比は $Q/F = \tan(\beta + \rho)$ となる。したがって，締付けトルク T でねじを締めたときの軸力は

$$F = \frac{Q}{\tan(\beta + \rho)} = \frac{T}{(d/2)\,\tan(\beta + \rho)} \tag{7.12}$$

と見積もることができる。この関係から，ねじ面の摩擦角 β が大きいほど，同じ軸力を発生させるためにより大きなトルクでねじを締め付ける必要があることがわかる。

7.6 ねじの自立

　つぎに，ねじを緩める場合を考える。これは，物体が坂を下る方向に力を加えることに相当する。この物体に対して図7.8の右から左へ水平方向に力 Q で押した場合，軸力 F との関係は

$$Q = F\tan(\rho - \beta)$$

である。したがって，緩める場合も摩擦角 ρ が大きいほど，より大きな力 Q（緩めるトルク）が必要になる。

　ここで，視点を変えて，重力に対して鉛直に配置したボルトにナットをかみ合わせたときのナットの自重を F とし，このときの水平方向の力 Q を考える。摩擦角がリード角よりも大きい場合（$\rho > \beta$），$Q > 0$ となり物体は坂を滑り落ちない。つまり，ナットは自重で回転せず静止する。これを，**ねじの自立**（self-locking）という。反対に，摩擦角がリード角よりも小さい場合（$\rho <$

β), $Q<0$ となり，ナットは自重で回転し滑り落ちる（坂を滑り落ちる）。すなわち，自立しない。このように，摩擦角とリード角の大小関係のみによって，ねじの自立が決まる。

三角ねじの場合　前述したように，締結用には角ねじではなく三角ねじが使われる。この理由を考えてみよう。**図7.9**に，三角ねじの断面図を示す。ねじ山の角度を**ねじ山角** α と呼ぶ。軸力を F とすると，ねじ面に垂直な力は $F/\cos(\alpha/2)$ である。ねじ面の摩擦係数を μ' とすると摩擦力は

$$F \frac{\mu}{\cos(\alpha/2)} = F\mu' \tag{7.13}$$

である。このとき，見かけの摩擦角は

$$\rho' = \tan^{-1}\mu' = \tan^{-1}\left\{ \frac{\mu}{\cos(\alpha/2)} \right\} \tag{7.14}$$

となる。三角ねじの方が角ねじよりも α が大きいため，見かけの摩擦角も大きくなる。このため，三角ねじの方が，ねじが緩みにくく，締結に適するのである。

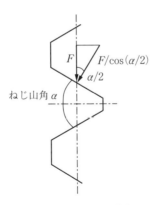

図7.9　三角ねじの断面図

7.7 | ね じ 効 率

ねじを回したときの仕事量と，ねじがした仕事量の比を**ねじ効率**（screw efficiency）と呼ぶ。すなわち

$$\eta = \frac{Fl}{2\pi T} \tag{7.15}$$

である。ただし，Tは締付けトルク，Fは軸力，lはリードである。ねじ効率が1の場合，ねじを回したときの仕事量が100%ねじの送り移動に使われることになる。ねじ効率が低い場合，ねじ面の摩擦に多くの仕事量が使われ，ねじを送るのにより多くの仕事量が必要になることを意味する。角ねじの場合のねじ効率は

$$\eta = \frac{Fl}{2\pi T} = \frac{F\pi d \tan\beta}{2\pi F \tan(\beta + \rho)(d/2)} = \frac{\tan\beta}{\tan(\beta + \rho)} \tag{7.16}$$

となる。三角ねじの場合，ρをρ'に置き換えて

$$\eta' = \frac{\tan\beta}{\tan(\beta + \rho')} \tag{7.17}$$

である。一般に，$\rho' > \rho$であるので，ねじ効率は$\eta' < \eta$となる。したがって，角ねじの方が三角ねじよりもねじ効率は高い。これが，角ねじが送りねじに適している理由である。ねじ効率の悪い三角ねじは，送りねじには適さず，締結用に適する。

7.8 | ボルトの締結トルク

図7.10に示したように，ボルトを締め付けたときには，ねじ面の摩擦だけでなく，座面（ボルト頭と部材が接する面）の摩擦が生じる。軸力F，座面の摩擦係数をμ_wとすると，座面の摩擦にかかるトルクは

$$T_w = \frac{\mu_w F d_m}{2} \tag{7.18}$$

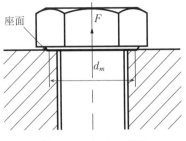

図 7.10 ボルトの座面

で表される。ただし，d_m は座面の平均径である。

したがって，ボルトの締付けトルクは，ねじ面の摩擦トルクと座面の摩擦トルクの和をとり

T ＝ ねじ面の摩擦トルク ＋ 座面の摩擦トルク

$$= F\left(\frac{d}{2}\right)\tan(\rho + \beta) + \frac{\mu_w F d_m}{2} \tag{7.19}$$

$$= \frac{F}{2}\{d\tan(\rho + \beta) + d_m\mu_w\}$$

となる。

同様に，ボルトを緩めるときに必要なトルクは

$$T = \frac{F}{2}\{d\tan(\rho - \beta) + d_m\mu_w\} \tag{7.20}$$

となる。このことから，座面の摩擦力は，緩みにくい締結を実現する上で重要である。例えば，部材の座面に凹凸がある，座面が水平に接していないなどで，座面の摩擦係数が想定よりも小さくなり，ボルトが緩みやすくなるため注意が必要である。

7.9 　締 結 の 方 法

　図7.11に示したように，ねじによる部品の締結方法には，おもに，押さえ
ねじ，通しねじ，および植込みねじがある。押さえねじは，部材にめねじを切
り，通し穴を開けた部材をボルトで締結する。通し穴は，加工精度を考慮し
て，ねじの呼び径に対して10％程度大きく開ける。片方の部品は通し穴にし
てねじを切らないことが重要である。両方の部品にめねじを切った場合，ねじ
のスパイラルの終了位置と開始位置が少しでも合わないと締付けが適切に行わ
れない。ねじは頻繁に脱着するとめねじが摩耗するおそれがある。押さえねじ
は，部品に直接めねじを切るため摩耗した場合の部品の交換が容易でない。し
たがって，脱着を頻繁に行わない場合に用いる締結法である。

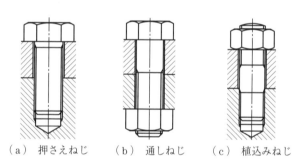

（a）　押さえねじ　　（b）　通しねじ　　（c）　植込みねじ

図7.11 ボルトの締結方法

　通しねじは，二つの部品に通し穴を開けて，ボルトとナットで締結する方法
である。ねじが摩耗しても，ボルトとナットを交換すればよいため，頻繁に脱
着する場合に適する。ただし，通しねじは，部品を貫通する通し穴を両方の部
品に開ける必要がある。厚みがある部品の場合，その分の長さの通し穴とボル
トが必要になる。
　そのような場合には，植込みねじが適する。植込みねじは，片方の部品にめ
ねじを切り，両端におねじが切ってある植込みボルトを締める。もう一方の部
品には通し穴を開けておき，植込みボルトを通し穴に通してナットで締め付け

る。部品を脱着する際は，ナットを緩めるだけでよい。したがって，頻繁に脱着する場合にも適する。

7.10 ね じ の 強 度

ボルトを締め付けると，ねじ部に引張力が生じ，これが軸力となることを説明した。引張力を F，引張応力を σ とすると

$$F = \sigma A_s \tag{7.21}$$

となる。ただし，A_s は引張力が生じるねじの断面積であり**有効断面積**（tensile stress area）という（メートルねじの有効断面積は JIS B 1051 を参照）。設計においては，得たい軸力 F を許容するように，ねじ部品の引張強さおよびねじの径を選定する必要がある。引張強さは，ねじの材料や熱処理によって決まり，ねじ部品の強度区分として JIS B 1051 に規定されている。ボルト材料の引張強さ，および降伏点を表す数値で指定し，例えば，4.8，10.9 のように小数で表す。1 の位の値は，引張強さ〔N/mm²〕を 100 で割った値である。小数点以下の数値は，降伏点または耐力〔N/mm²〕を引張強さで割った値である。例えば，4.8 の場合，引張強さ 400 N/mm² で，降伏点および耐力がその 0.8 倍であることを意味する。SS 400（普通鋼）で 4.8 程度，焼入れ焼戻しした S 45 C（炭素鋼）で 8.8 程度，SMC 435（クロムモリブデン）で 12.9 程度となる。

JIS B 1051 に，強度区分ごとの保証荷重応力が示されている。これは，完全ねじ部の長さが 6 ピッチ以上あるねじにナットを取り付け，軸方向に 15 秒間荷重を加え，荷重除去後に永久伸びが 12.5 µm 以下であることを保証する荷重である。実際のねじに加えられる荷重は，保証荷重応力にねじの有効断面積を乗じた値となる。

一方，ボルトの引張力に対して，ねじ山に応力集中が生じ，せん断破断することが考えられる。おねじとめねじが一山で締めた場合，その一山にせん断応力が集中する。ただし，複数のねじ山を締めたとしても負荷は均等に作用しないため注意が必要である。第 1 山に 30％，第 2 山に 20％となり負荷の割合が

ねじ山数に対して減少する。ボルトとナットで締め付ける場合，ナットの頂面からボルトが3山以上出す方が良いとされている。**図7.12**のように，締付けによる引張力でナットがたわむが，ボルトのねじ山がナットから出ていると，そのたわみをボルトが拘束するため，その圧縮力によりナットの頂面付近のねじ山にかかる負荷を増加させ，負荷を分散できるためである。

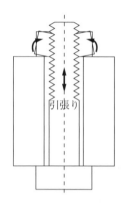

図7.12 ナットのたわみによる拘束作用

7.11 ｜ ねじの緩み止め

　ねじを締め付けたときの軸力（予張力）が，何らかの原因で低下することを，**ねじの緩み**（loose screws）という。ねじの緩みには，ねじが緩む方向に回転することによる緩みと，戻り回転のない緩みがある。

　前者は，例えば，振動など，軸に繰り返し外力が加わることにより，ねじが緩む方向に回転することで生じる。後者は，へたりによる初期緩み，座面部面圧過大による陥没緩み，温度変化による熱変形が原因となる緩みなどがある。ここで，**へたり**とは，ねじを締め付けたときに，各部の接触面の凹凸が押し付けられて平坦化され予張力が減少することである。このように，使用環境に応じて，緩みを想定した十分な予張力でねじを締めることが必要である。

　しかし，高い予張力を得られない場合や予想外の外力により緩むと危険な場
合は，ゆるみ止めの対策を講じる必要がある。最も緩みにくい方法は締結後，
ねじ部に接着剤を塗布して固定する方法である。しかし，脱着の容易性が求め
られる場合は，ダブルナットが用いられる。ダブルナットは，その名のとおり
二つのナットで締める方法である。二つ目のナットが戻り止めとして機能する
ことにより緩みにくくなる。そのほか，ナットの出口側にナイロン材のリング
をかしめたナイロンナットを用いる方法がある。ナイロンリングにおねじが作
られ，その部分の摩擦によりゆるみ効果を発揮する。戻り回転のない緩みを抑
制する効果を期待して，ばね座金を用いる方法が考えられたが，現在では，ば
ね座がねによる緩み止めの効果はほとんど期待できないといわれている。

7.12 ｜ ねじの作り方

　ねじは，**転造**（form rolling）と呼ばれる塑性加工により作られることが多
い。ねじのピッチに溝が掘られた**転造ダイス**（rolling dies）と呼ばれる工具

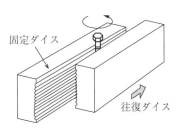

固定ダイス

往復ダイス

図 7.13　転造によるねじの成形

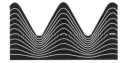

・ファイバフローが切断されない
・加工硬化を起こす

（a）　転造加工

・ファイバフローが切断される

（b）　切削加工

図 7.14　転造加工と切削加工

を，回転する軸に押し付けることでねじを成形する（**図7.13**）。転造は，低コ
ストで加工スピードが速いため量産に適する。また，材料のファイバフローが
切断されず，塑性変形による加工硬化が期待できる。タップやダイス，あるい
は旋盤加工による切削加工でねじを成型する方法もあるが，転造によるこれら
のメリットは得られない（**図7.14**）。

演 習 問 題

〔**7.1**〕　ボルトに締めたナットが自然に緩む条件を，リード角 β と摩擦角 ρ を用い
て表せ。

〔**7.2**〕　角ねじは送りねじ，三角ねじは締結用に適している理由を，ねじ山角 α，
摩擦角 ρ，ねじ効率 η を用いて説明せよ。

〔**7.3**〕　ボルトとナットを用いて2枚の板を予張力 F で締結した。ボルトに生じる
軸力を F，2枚の板の圧縮量を δ_p とすると，2枚の板のばね定数は，$k_p = F/\delta_p$ で表
される。δ_p は微小とし，ボルトのばね定数を k_b とする。

①　ボルトの伸び量と2枚の板の圧縮量の比を k_p, k_b で示せ。

②　軸力 F でボルトを締めた後，**問図7.1**に示したように2枚の板を，板に垂直
な力 W で引っ張った。このとき，板どうしが離れる条件を示せ。

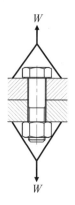

問図 7.1

8章

機械システム設計

◆本章のテーマ

システムとは，個々の要素が有機的に組み合わされた，まとまりを持つ全体，系のことである。一般に，システムはある目的を持つ。ここでは，ある目的を達成するために構成された機械要素を組み合わせた全体を機械システムと呼ぶことにする。特に，モータ等の駆動装置の運動や動力を変換して非駆動装置に伝達する系を考える。例えば，歯車，巻きかけ伝動，送りねじ，などを組み合わせた動力伝達系である。この系を設計する上で必要となる等価慣性モーメントと，系を駆動するために必要な動力源の仕様の見積もり，およびサーボモータの選定の方法について学ぶ。

◆本章の構成（キーワード）

8.1 回転運動と直線運動の変換
    　回転運動，直線運動，トルク，動力，運動エネルギー
8.2 回転機械の等価慣性モーメント
    　等価慣性モーメント，減速比
8.3 直動を含む等価慣性モーメント
    　ラックアンドピニオン，送りねじ，搬送装置
8.4 動力源の仕様を決める
    　回転速度，トルク，動力，慣性モーメント
8.5 サーボモータの選定
    　サーボ機構，クローズドループ，オープンループ，パワーレート，定格トルク

◆本章を学ぶと以下の内容をマスターできます

☞ 機械システムにおける運動の変換
☞ 機械システムの等価慣性モーメントの計算方法
☞ 機械システムを駆動するために必要な動力の仕様決定
☞ サーボモータ選定の基礎

8.1 │ 回転運動と直線運動の変換

　駆動装置は，エンジンやモータなどの回転運動と，エアシリンダ，リニア
モータなどの直線運動に分けられる。非駆動装置も同様に，回転運動，直線運
動とそれらの組合せから成ることがほとんどである。ここでは，機械設計でよ
く用いられる回転運動と直線運動の間の関係性を整理する。これらは，初等力
学の範疇（はんちゅう）であるが，機械の設計に当たっては公式を見なくともすらすらと計
算できるようにしておく必要がある。

　図8.1のように，滑車の中心を回転軸として，滑車に巻き付けたロープを長
さSだけ引っ張ったとする。あるいは，巻きかけ伝動を考えれば，半径rの
プーリをモータでθだけ回転させて，ベルトやチェーンを長さSだけ送った。
このとき，距離sと角度θの関係は

$$s = r\theta \tag{8.1}$$

である。これを時間で微分すれば速度vと角速度ωの関係が求まる。

$$v = \frac{\mathrm{d}s}{\mathrm{d}t} = \frac{\mathrm{d}r\theta}{\mathrm{d}t} = r\omega \tag{8.2}$$

機械設計では，角速度の代わりに，単時間（分）当りの回転数（以下，単に回
転数と呼ぶ）Nがよく用いられる。すなわち

$$N = \frac{60}{2\pi} \omega \tag{8.3}$$

である。単位を$\min^{-1}$あるいはrpm（revolution per minute）と書く場合もあ

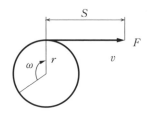

図8.1　回転運動と直線運動の変換

る。したがって，直線運動の速度と回転数の関係は

$$v = \frac{2\pi r}{60} N \tag{8.4}$$

である。速度を微分すれば，加速度と角加速度の関係も求まる。

$$a = \frac{\mathrm{d}v}{\mathrm{d}t} = \frac{\mathrm{d}r\omega}{\mathrm{d}t} = r\dot{\omega} \tag{8.5}$$

つぎに，動力の伝達について考える。滑車のロープを力 F で長さ S だけ引っ張る場合に必要な動力は，単位時間当りの仕事（仕事率）と等価であり

$$P = F\frac{\mathrm{d}s}{\mathrm{d}t} = Fv \tag{8.6}$$

である。これが，回転運動の場合は

$$P = Fv = Fr\omega = T\omega \tag{8.7}$$

となる。ここで，$T = Fr$ はトルク（単位は，N·m）である。回転数 N で表すと

$$P = \frac{2\pi}{60} NT \tag{8.8}$$

となり，動力は回転数とトルクの積に比例する。

さて，**図 8.2** に示したような任意の形状の物体を回転させたときのトルクは，微小部分の質量を m_i，回転中心からの距離を r_i，加速度を a_i，角速度を $\dot{\omega}$ とすると

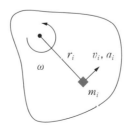

図 8.2 任意の形状の物体の回転と慣性モーメント

$$T = \sum_i m_i a_i r_i = \sum_i m_i r_i^2 \dot{\omega} = J\dot{\omega} \tag{8.9}$$

と表せる。このとき，$J = \sum_i m_i r_i^2$ が慣性モーメントである。このことから，トルクと慣性モーメントは比例し，慣性モーメントの大きな機械を回転させるには，大きなトルクが必要であることがわかる。動力 $P = T\omega$ より，動力はトルクに比例する。また，物体を回転させるために必要な運動エネルギー E は

$$E = \sum_i \frac{1}{2} m_i v_i^2 = \sum_i \frac{1}{2} m_i (r\omega)^2 = \frac{1}{2} J\omega^2 \tag{8.10}$$

となる。したがって，モータなどの動力源が供給する動力，トルク，運動エネルギーは，駆動する機械の慣性モーメントと比例関係にあり，機械システムの設計において重要なパラメータである。

表8.1 に，直線運動と回転運動における力・トルク，動力・運動エネルギーの関係を整理する。これを比較すると，直線運動における重さと回転運動における慣性モーメントが対応することがわかる。したがって慣性モーメントは，回転体における重さのようなものであると考えてもよい。

表8.1　直線運動と回転運動における力・トルク，
動力・運動エネルギーの対応

	直線運動	回転運動
力・トルク	$F = ma$	$T = J\dot{\omega}$
動力	Fv	$T\omega$
運動エネルギー	$\dfrac{1}{2} mv^2$	$\dfrac{1}{2} J\omega^2$

　動力はモータやエンジンのように回転体が多い。また，機械要素も軸，歯車，プーリなど回転体が多い。したがって，機械システム全体の動かしやすさは，慣性モーメントで統一的に捉えた方が都合が良い。次節からは，複数の機械要素から構成される機械システム全体の慣性モーメントを見積もる方法を説

明する。

8.2 | 回転機械の等価慣性モーメント

まず，単一の機械要素の慣性モーメントを求めてみよう。モジュール m，歯数 z，質量 M の歯車の回転軸周りの慣性モーメントはいくらか。ピッチ円直径 mz と同じ直径を持つ円板と等価だから

$$J = \frac{M(mz/2)^2}{2} = \frac{M(mz)^2}{8} \tag{8.11}$$

となる。これに，直径 D のボス（質量 M_b）を取り付け，軸を挿入するための直径 d の穴（穴部質量 M_a）を開けると

$$J = \frac{1}{8}\left(M(mz)^2 + M_b D^2 - M_a d^2\right) \tag{8.12}$$

となる。このように，回転中心が同じであれば，各部の慣性モーメントを加算・減算するだけで全体の慣性モーメントが求まる。

それでは，回転軸が一致していない場合の慣性モーメントはどのように求められるか。例として，図8.3 に示したような，駆動軸から受動軸へ歯車で減速して回転を伝える機構を考える。回転軸周りの慣性モーメント J_1 の受動歯車

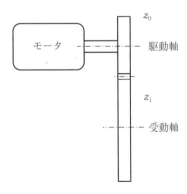

図8.3 歯車減速機

を角速度 ω_1 で回転させるのに必要な運動エネルギー E_1 は

$$E_1 = \frac{1}{2} J_1 \omega_1^2 = \frac{1}{2} J_1 \left(\frac{\omega_1}{\omega_0} \right)^2 \omega_0^2 \tag{8.13}$$

となる。ここで，ω_1/ω_0 は減速比（または歯車比 z_0/z_1）の逆数である。

$[J_1]_0 = J_1 (\omega_1/\omega_0)^2 = J_1 (z_0/z_1)^2$ と置くと

$$E_1 = \frac{1}{2} [J_1]_0 \omega_0^2 \tag{8.14}$$

となる。このとき，$[J_1]_0$ は，受動歯車を回す際に必要な駆動軸周りの慣性モーメントであり，これを**等価慣性モーメント**（equivalent inertia moment）と呼ぶ。つまり，駆動軸上で回した場合と等価な慣性モーメントという意味である。この歯車減速機全体を駆動したときの運動エネルギー E は

$$E = \frac{1}{2} J_0 \omega_0^2 + \frac{1}{2} [J_1]_0 \omega_0^2 \tag{8.15}$$

となるから，この歯車減速機全体の等価慣性モーメント J は

$$J = J_0 + [J_1]_0 = J_0 + J_1 \left(\frac{\omega_1}{\omega_0} \right)^2 \tag{8.16}$$

となる。つまり，駆動軸周りの等価慣性モーメントに変換して，それらの和をとれば機械全体の等価慣性モーメントを求めることができる。これを一般化して，n 個の回転部品から構成される等価慣性モーメント J は

$$J = \sum_{i=0}^{n} [J_i]_0 = \sum_{i=0}^{n} J_i \left(\frac{\omega_i}{\omega_0} \right)^2 \tag{8.17}$$

となる。歯車減速機以外の機械要素，例えば巻きかけ伝動（ベルト，チェーン）や摩擦車（フリクションドライブ，トラクションドライブ）においても，同様に等価慣性モーメントを求めることができる。

▌ 8.3 　直動を含む等価慣性モーメント

回転運動を直動運動に変換する機械要素として，ラックアンドピニオンや送

りねじがある。この場合の等価慣性モーメントも，運動エネルギーの保存則から求めることができる。

8.3.1 ラックアンドピニオンの場合

ピニオンのピッチ円半径を r，回転角速度を ω としたとき，質量 M のラックを速度 v で動かしたときの運動エネルギー E は

$$E = \frac{1}{2} Mv^2 = \frac{1}{2} M(r\omega)^2 = \frac{1}{2} (Mr^2)\omega^2 = \frac{1}{2} J\omega^2 \tag{8.18}$$

である。このとき，Mr^2 がラックの等価慣性モーメントである。これは，質量 M の質点を回転半径 r で回転させたときの慣性モーメントと等しい。つまり，ピニオンのピッチ円上に質量 M のおもりを付けて回転させることと等価である（図 8.4）。

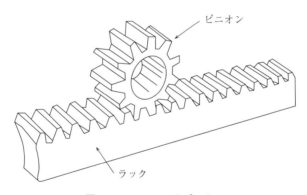

ピニオン

ラック

図 8.4 ラックアンドピニオン

8.3.2 送りねじを用いた搬送装置

図 8.5 に示したように，送りねじを用いて，モータの回転を直線運動に変換する搬送装置を考える。直線運動するテーブルの速度 v と角速度の間には

$$v = \frac{\omega}{2\pi} p \tag{8.19}$$

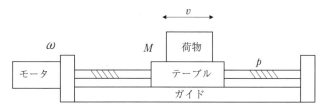

図8.5　送りねじを用いた搬送装置

の関係がある。ただし，p は送りねじのピッチ（1回転で進む距離）である。テーブルと荷物の合計質量を M とすると，その運動エネルギー E は

$$E = \frac{1}{2} Mv^2 = \frac{1}{2} M \left(\frac{p}{2\pi} \right)^2 \omega^2 = \frac{1}{2} J\omega^2 \tag{8.20}$$

であるから，等価慣性モーメント J は

$$J = M \left(\frac{p}{2\pi} \right)^2 \tag{8.21}$$

となる。

　一般に，運動エネルギーは

$$E = \frac{1}{2} mv^2 = \frac{1}{2} m \left(\frac{v}{\omega} \right)^2 \omega^2 = \frac{1}{2} J\omega^2 \tag{8.22}$$

と変換できるため，等価慣性モーメントは，$J = m(v/\omega)^2$ とも表せる。これを一般化して，n 個の速度 v_i で直動する部品から構成される機械全体の等価慣性モーメントは

$$J = \sum_{i=0}^{n} m_i \left(\frac{v_i}{\omega_0} \right)^2 \tag{8.23}$$

となる。ただし，ω_0 は駆動軸周りの角速度である。

　以上を総合して，n 個の回転部品と ℓ 個の直動部品から成る機械システム全体の等価慣性モーメント J は

$$J = \frac{1}{\omega_0^2} \left(\sum_{i=0}^{n} J_i \omega_i^2 + \sum_{j=0}^{l} m_j v_j^2 \right) \tag{8.24}$$

と一般化できる。

8.4 動力源の仕様を決める

　モータなどの駆動源の選定においては，機械システムを目的どおりに駆動するために必要な回転速度，トルク，出力（動力）を見積もる必要がある。駆動軸周りの等価慣性モーメント J の機械システムを動かすために必要なモータのトルクは

$$T = J \frac{\mathrm{d}\omega}{\mathrm{d}t} = J\dot{\omega} \tag{8.25}$$

である。また，モータに求められる動力（出力）は，$P = T\omega$ である。

　このとき，等価慣性モーメント J は機械システムの機構によって決まり，ω と $\dot{\omega}$ は機械システムの運用の仕方によって決まる。

8.4.1 歯車減速機の場合

　1対の歯車から成る減速機をモータで駆動することを考える。受動軸を回転数 N 〔s^{-1}〕で回転させるために必要なトルクは

$$\omega = 2\pi \frac{z_1}{z_0} N$$

より

$$T = J \frac{\mathrm{d}\omega}{\mathrm{d}t} = 2\pi J \frac{z_1}{z_0} \frac{\mathrm{d}N}{\mathrm{d}t} \tag{8.26}$$

である。ただし，z_0，z_1 は，それぞれ駆動歯車，受動歯車の歯数，J は歯車減速機全体の等価慣性モーメントである。**図8.6** に示したように，この歯車減速機の受動軸を始動から時間 t_0 で回転数 $N_{\max}$ まで等角加速度で加速し，その後，一定の回転数で運転するために必要なモータのトルク T と動力 P は

$$T > \frac{2\pi N_{\max} z_1/z_0}{t_0} J, \ \ P > \frac{(2\pi N_{\max} z_1/z_0)^2}{t_0} J \tag{8.27}$$

と見積もることができる。

受動軸の回転数

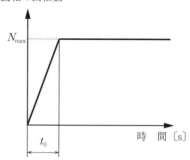

図8.6 歯車減速機の受動軸の動作

8.4.2 送りねじを用いた搬送機械の場合

送りねじのピッチ p, 搬送の速度を v とすると

$$\omega = \frac{2\pi v}{p} \tag{8.28}$$

の関係があるから, トルク T は

$$T = J\frac{\mathrm{d}\omega}{\mathrm{d}t} = J\frac{2\pi}{p}\frac{\mathrm{d}v}{\mathrm{d}t} \tag{8.29}$$

である。駆動初期の必要トルクは, 時間 t_0 で最大速度 V_{max} まで等加速度で加速する場合

$$T = J\frac{2\pi}{p}\frac{V_{max}}{t_0} \tag{8.30}$$

となる。ここで, $J = M\left(\dfrac{p}{2\pi}\right)^2$ であるから, 代入して

$$T = \frac{pMV_{max}}{2\pi t_0} \tag{8.31}$$

加速時に必要な動力は

$$P = T\omega = \frac{MV_{max}^{\,2}}{t_0} \tag{8.32}$$

となる。一方, 等速での定常運転では, 速度の変化がゼロであるため $P = 0$

である（ただし，実際には駆動部の動摩擦があるためゼロにはならない）。

　以上で見てきたように，機械の始動や加減速をどのようにさせたいかが動力源の仕様を決める際に重要である。トルクと動力は，いずれも等価慣性モーメントに比例する。そのため，等価慣性モーメントの小さな機械を設計すれば，それだけ小さいトルク，動力で駆動することができる。または，同じ動力で，より素早い動きや，より重い荷物の運搬などを実現できる。駆動する部品が多くなれば，それだけ慣性モーメントが増える。また，部品の重さや回転半径も，慣性モーメントを増加させる。動力伝達機構の設計においては，実現したい運動，発揮したい力から，慣性モーメント，重量，強度，サイズなどを総合して最適化することが求められる。

8.5 サーボモータの選定

　産業用ロボット，工作機械，搬送装置など，さまざまな機械の動力源として**サーボモータ**（servomotor）が使われている。サーボモータはサーボ機構を備えたモータである。サーボ機構とはフィードバック制御系の一つであり，物体の位置，方位，姿勢等を制御量として目標値の任意の変化に追従するように構成された系である。中でも，位置あるいは角度のセンサを用いて制御量を検出し，入力へフィードバックするクローズドループ式が多用される。ただし，求められる位置決め精度がそれほど要求されないような場合には，ステッピングモータを使用し，フィードバックをかけない，最も安価なオープンループ式で十分な場合がある。また，タコジェネレータやエンコーダを用いて速度および位置をフィードバックして直流モータを制御するセミクローズドループ式は，クローズドループより位置決め精度は劣るが安価であり，オープンループより高い位置決め制御と高速な応答が可能である。

　サーボモータの特性は，以下のとおりである。

・トルクは，モータの回転速度に関係なく，電機子電流に比例する。

・回転速度は，電流が一定であれば，端子電圧に比例する。

・回転速度は，電圧が一定であれば，トルク（電流）に反比例する。

そのため，目的に応じて，電流で制御するか，電圧で制御するかを決める。サーボモータの選定においては，カタログ値を参照しながら，下記の条件を満たす必要がある。左が前節で述べた設計計算で求める値であり，右がカタログ値から参照する要求仕様である。

　　　モータの駆動トルク ＜ 定格トルク

　　　モータの回転速度 ＜ 定格回転速度

　　　加速時のモータ出力 ＜ モータの定格出力

　　　モータ軸周りの等価慣性モーメント ＜ 許容負荷慣性モーメント（適用
　　　負荷イナーシャ）

このほか，サーボモータの重要な性能としてパワーレートがある。パワーレートは，負荷を加速・減速するために許容できる出力の限界を示す指標であり，応答特性を比較する重要な性能である。パワーレート κ は，定格トルクを τ，モータのロータの慣性モーメントを J としたとき

$$\kappa = \frac{\tau^2}{J^2} \tag{8.33}$$

である。ロータの慣性モーメントが定格トルクに比して小さいほどパワーレートは大きくなり，応答特性が良くなる。

演 習 問 題

〔8.1〕 n 個の平歯車 G_i $(i = 1,\cdots,n)$ を，G_1 から G_n まで順番に組み合わせた歯車減速機を考える。G_1 を角速度 ω で回転したとき，歯車減速機全体を駆動するために必要な運動エネルギー，および G_1 の回転軸における歯車減速機全体の慣性モーメントを求めよ。ただし，歯数はそれぞれ z_i $(i = 1,\cdots,n)$ とする。また，歯幅 t，モジュール m，材料の密度 ρ とする。各歯車の軸の慣性モーメントは考えなくてよい。

〔8.2〕 搬送機械の設計を考える。質量 M 〔kg〕の搬送物をテーブルの上に載せて，停止から速度 V 〔m/s〕に時間 t 〔s〕で等加速し，その後 V で等速運転させたい。そこで，送りねじを用いてモータの回転を直進運動に変換することを考えた。モー

タの回転を一対の歯車から成る歯車減速機で減速して送りねじを回転させる。そして，送りねじのナットに取り付けたテーブルを直進運動させる。送りねじのピッチを p 〔m〕，慣性モーメントを J_s，ナットとテーブルの合計質量を W 〔kg〕，駆動軸と受動軸の歯車の慣性モーメントをそれぞれ J_1, J_2，減速比 n ＝駆動回転速度／受動回転速度とする。以下の問いに答えよ。

①　テーブルを速度 V で直進運動するために必要な駆動軸（モータを取り付ける軸）の回転角速度 ω 〔rad/s〕を示せ（ヒント：ω を V, p, n を用いて表す）。

②　モータに必要な動力 P 〔W〕を求めよ（ヒント：まず，全体の等価慣性モーメントを求める）。

9章 人と機械の適合

◆本章のテーマ

機械は，人にとって安全で使いやすく設計する必要がある。本章では，人間にとって身体的，心理的に安全で使いやすい操作系および機械の構造を設計するために必要な考え方を学ぶ。

◆本章の構成（キーワード）

9.1 人間工学

　　　human factors, ergonomics

9.2 ユーザビリティ

　　　使用，能力，有効さ，効率，満足

9.3 わかりやすい操作系のための設計指針

　　　チャンク，アフォーダンス

9.4 安全に対する設計指針

　　　フールプルーフ，フェールセーフ，インターロック

◆本章を学ぶと以下の内容をマスターできます

☞ 使用者にとってわかりやすい操作系を設計するためのポイント

☞ ヒューマンエラーを防ぐ設計のポイント

☞ 人間工学の概念

☞ ユーザビリティの概念

9.1 | 人 間 工 学

　人間の身体的，心理的な特性を考慮して機械を設計するための学問として，人間工学がある。人間工学は，人間が使用する道具・機械・システム，あるいは人間が行う作業，活動を，人間のさまざまな特性や特徴に適合するように，これらを使いやすく，あるいは作業しやすくするための技術，方法論の体系である（『人間工学ハンドブック』）。

　人間工学は，米国では human factors，欧州では ergonomics と呼ばれてきた。human factors は，応用心理学を起源としており，情報を効率良く伝達するためのインタフェースの設計問題が発端であった。例えば，航空機の操作盤には，数多くの計器や操作器が並んでいる（**図9.1**）。パイロットは複数の計器の状態を正しく把握しながら，状況に応じて適切な操作をしなければならない。計器の読み間違い，見過ごし，誤操作が生じれば，自身だけでなく乗客をも危険にさらしてしまう。しかし，パイロットの訓練や能力だけに頼っては危険である。パイロットも人間であり，処理できる情報量には限界がある。そこで，パイロットにとって，直感的にわかりやすく，誤認識しにくい計器，操作器，およびそれらの配置の設計が必要となる。このように，人間の心理や認知の特性および限界を踏まえて，最適な操作系を設計する必要性から生じたのが human factor である。

　一方，ergonomics は，ergo（労働）と nomos（法則）という二つのギリシャ

図9.1 航空機のコックピット（多くの計器や操作系がある）

語を合成して作られた言葉である。労働医学を起源としており，労働者の作業
における身体負荷，健康，安全，疲労などを改善することをおもな目的として
いる。

　以上のように，human factor と ergonomics の起源は異なるが，現在ではそ
の境界はあいまいであり，これらを包含した学問を人間工学と捉えても問題な
いであろう。また，人間工学の範囲は，飛行機のようにプロ（パイロット）が
操作する機械だけでなく，一般消費財や公共施設における設計へと広がってい
る。

9.2 ユーザビリティ

　製品の使いやすさ，使用性を表す概念として，**ユーザビリティ**（usability）
がある。**使用**（use）と**能力**（ability）を合成した用語である。ここで，能力
とは使用者のそれではなく，製品が持つべき使いやすさに関する能力である。
ISO および JIS では，ユーザビリティを，「特定の利用状況において，特定の
ユーザによって，ある製品が，指定された目標を達成するために用いられる際
の，有効さ，効率，ユーザの満足度の度合い」と定義している[1]。ここで，**有
効さ**（effectiveness）とは，利用者が指定された目標を達成する上での正確さ
および完全さである。つまり，設計者が想定したとおりに正しく使えるか，合
理的に使えるかである。使い方がわからない，あるいは間違った使い方をして
しまうような設計は，有効さが低い。つぎに，**効率**（effectiveness）は，利用
者が目標を達成する際に正確さと完全さに関連して費やした資源である。した
がって，素早く使える，能率的に使える機械は効率が高い。そして，**満足**
（satisfaction）は，不快さのないこと，および製品使用に対しての肯定的な態
度である。使っていて疲れない，いらいらしない，安全である，健康を害さな
い，などが該当する。ユーザビリティを高めるためには，以上の，有効さ，効
率，満足の三つを指標として，機械の操作系を設計する。

9.3 わかりやすい操作系のための設計指針

9.3.1 グルーピングと階層化

航空機の操作盤のように，計器や操作系の数が多いと，どこに何があるかの把握がしづらくなり，迷いや操作ミスが生じる可能性が高まる。人は，外界の情報を意味のあるまとまりに分けて処理しているといわれている。このまとまりを，**チャンク**（chunk）と呼ぶ。例えば，電話番号を記憶する際に，意味のない数字の羅列として丸暗記しようとすると覚えにくい。一方，語呂合わせで覚えると記憶しやすい。これは，番号を意味のあるまとまりとしてくくる（チャンキング）ことで，チャンクの数を減らしているからである。チャンキングされた情報は，短期記憶に転送される。短期記憶は一時的に情報を保存しておく記憶領域である。短期記憶は，頭の中で繰り返すなどのリハーサルをしないと消えてしまう。そして，短期記憶の一部が，長期記憶に転送される。認識，思考，判断といった情報処理は，この短期記憶においてなされる（**図 9.2**）。

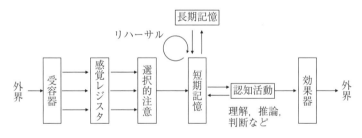

図 9.2 記憶の階層モデルと認知プロセス[2]

短期記憶の容量は限られている。個人によって異なるが，短期記憶の容量は 7 ± 1 といわれている。したがって，どんなに記憶力のある人でも，高々七つ程度の要素しか一度に把握できない。これが，人の記憶の限界である。では，航空機の操作盤のように，七つ以上の要素を含む操作系はどのように設計すればよいか。その答えは，意味のあるまとまりをグループとしてまとめ，一度に把握すべきチャンク数を減らすことである。テレビのリモコンなどは，7 個以

上のボタンを持つ。そこで，ボタンの位置や色形で機能別にグループを作ることで，チャンク数を減らす工夫がされている（**図9.3** (a)）。

　タッチパネルの券売機のように，ソフトウェアでボタンを切り替えることができる場合は，階層化というアプローチが使える（図9.3 (b)）。一度に表示するボタンの数を抑え，ボタンを押すとそれに関連する選択項目を表示させる。このように，階層的にボタンを選択させることで迷いを抑えることができる。しかし，階層を深くし過ぎると，作業数が増えるため注意が必要である。

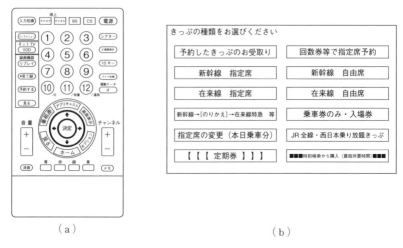

（a）　　　　　　　　　　　　　（b）

図9.3　操作系のグルーピングと階層化

9.3.2　操作系の配置

　図9.4は，4種類のガスコンロの操作系を示している。それぞれ，AからDまでの四つのコンロを持ち，それぞれに対応する操作器が全面に配置されている。なお，アルファベットが操作器とコンロの対応を表している。さて，この4種類の操作器の配置のうち，どれが最も直感的でわかりやすいであろうか。

　図中の数字は，操作ミスの数を表している。この結果から，左奥の配置で操作間違いがなかったことがわかる。この配置では，操作器とコンロの位置の並びを一致させるために，コンロA，CとB，Dの位置を横方向に少しずらして

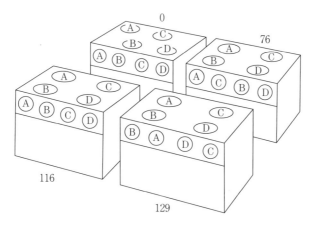

図 9.4　コンロのつまみとコンロの位置関係による操作ミス（数
値は 1200 試行当りの誤り回答数）[3]

いる。このように配置を対応させることで，二次元に配置されている操作対象
（コンロ）を，一次元に配置されている操作器と対応させ，直感的にわかりや
すい操作系とすることができる。

9.3.3　アフォーダンス

いま，目の前に三つの扉があるとする。それぞれ，ノブ，平板，くぼみがつ
いている。それぞれの扉を開けるとき，あなたはどう行動するか。おそらく，
ノブを回し，平板を押し，くぼみに指を入れ引くであろう。このように，説明
されなくとも人が直感的に知覚できる行為の可能性を**アフォーダンス**
（affordance）という[4]。アフォーダンスという言葉は，生態心理学者の J. J.
Gibson が造った，動詞の "afford（〜する余裕がある，与える）" を名詞化した
造語である[5]。アフォーダンスを適正に設計することは，直感的でわかりやす
い操作をもたらす。一方で，設計者の想定とは異なる行為を誘発するアフォー
ダンスを持たせてしまうこともある。**図 9.5** は，ある建物内の同じ形状のドア
の取っ手である。しかし，実は左は開き戸，右は横引き戸である。取っ手の形
状から手前に引くアフォーダンスを持つとすると，横引き戸の方は開かない。

図 9.5　扉のアフォーダンス

このように，形状から想起するアフォーダンスと，設計者が意図したユーザに
させたい行動との不一致は，避けるべき設計である。

9.4 | 安全に対する設計指針

　機械は，人へ危害を加えることがないように安全に設計しなければならな
い。過剰な負荷がかかったときにも故障しないように，強度や寸法には余裕
（安全率）を持って設計する必要がある。また，故障により重大な危険となる
要素については，冗長性のある設計を行い，信頼性を確保することが必要であ
る。

　しかし，人が作り出す機械において絶対に安全な設計は望めない。特に，設
計者が意図しない使われ方や，環境の変動により引き起こされる潜在的な危険
を想定して設計しておく必要がある。これに対応するために，下記に挙げる三
つの設計指針がある。

9.4.1　フールプルーフ

　人為的に不適切な行為，または過失などが起こっても，機械の信頼性および
安全性を保持する性質を**フールプルーフ**（fool-proof）という[6]。例えば，自
動車はシフトがニュートラルでブレーキがかかっている状態でないと，エンジ
ンが始動しないように設計されている。ブレーキを踏まずにドライブに入れた

ままエンジンをかけた場合，急発進して危険であるが，そのような操作をしてもエンジンがかからないようにするフールプルーフ設計である。

デジタルカメラなどのバッテリは，正しい向きにしか入らないように形が設計されている。ウォシュレット®は人が座った状態でないと働かない。これらは，フールプルーフの例である。

9.4.2 フェールセーフ

機械が故障したとき，あらかじめ定められた一つの安全な状態をとるような設計上の性質を**フェールセーフ**（fail safe）という[6]。例えば，踏切の遮断機は，故障や停電になっても重力により自ら遮断する機構が設けられており，踏切通行者の安全を確保している。すなわち，電磁石によって踏切を押し上げておき，電磁石の電源を切ることで，自重により踏切を降ろしている（**図9.6**）。

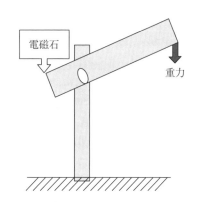

図9.6 列車の踏切におけるフェールセーフ

ヘアードライヤは，一定温度以上に達すると温度ヒューズが溶断し停止する機構を備えているものがある。このように，機械が停止，または故障した場合でも，危険とならないような状態をとるように設計することで，安全を確保する。

9.4.3　インターロック[7]

特定の条件，一般的にはガードが閉じていない場合の下で危険な機械機能の運転を防ぐことを**インターロック**（interlock）と呼ぶ。例えば，ドアが開いた状態では，電子レンジは作動しないように設計されている。また，洗濯機も，蓋が開いている状態では作動しないように設計されている。

コーヒーブレイク

人と機械の関係性

　機械の都合に人が合わせるか，それとも機械を人の特性に合わせるか。後者の方が人に優しい機械であることは自明である。しかし，機械の歴史を振り返ると，必ずしもそのような設計がされていない場合がある。ここでは，自転車の歴史を見てみよう。

　自転車の原型ともいえる「足こぎ車」は，現在の自転車からペダルをなくしたような乗り物であった。その名のとおり，両足で地面を蹴って進む乗り物である。つぎに，前輪にクランクを直結した自転車がフランスで発明された（**ミショー型**（**図**9.7 (a) 自転車）。これが世界初の量産車といわれている。サドルの前にクランクペダルがあるため，足を前に投げ出すような姿勢となる。また，前輪の軸に直結しているため，クランクと車輪との減速比が一定である。減速比を小さくしてスピードを出すには，前輪自体を大きくする必要がある。

　このようにして，次第に前輪が拡大した結果が，**オーディナリー型**（図9.7 (b) 自転車）と呼ばれる自転車である。日本では，**だるま型自転車**と呼ばれる。前輪を大きくすることで，スピードを出せる。しかし，サドル位置が高くなり乗り降りしにくい。さらに，重心位置が高くなるため転倒しやすい。高所からの転倒は危険である。

（a）ミショー型自転車　（b）オーディナリー型　（c）ローバー安全自転車
　　　　　　　　　　　　　　（だるま型）自転車

図9.7　自転車の変遷にみる人と機械の関係性

　このような問題点を解決すべく改良されたのが，現在の自転車の元祖ともいえる**ローバー安全自転車**（図 9.7 (c)）である。これは，現在の自転車と同様に，クランク軸と後輪とをチェーンなどの巻きかけ伝動により連結した自転車である。チェーンのスプロケットの径を変えることで，ペダルと車輪との回転比を変えることに気付いた点がポイントである。これにより，前輪を大きくしなくても，スピードを出せるようになった。サドルが低くなることによって乗り降りしやすく安全となった。そして，ペダルの位置をこぎやすい位置に配置可能となった。このようにして改良が加えられ，徐々に機械が人に合わせるようになったわけである。

　もう一つ，別の例を見てみよう。キーボードの配列である。パソコンのキーボードの配列は，タイプライターの時代に設計されたものである。タイプライターは，アームの先に付けられたアルファベットの刻印を紙に打つことで文字を印字する。キーとアームはリンクにより直接つながっている。そのため，隣り合うアームがほぼ同時に打ち付けられると干渉して絡まってしまう。これを避けるために，英語に頻出する単語の並びはできるだけ隣り合わせないように工夫して配置したのが現在のキーボード配列，すなわち**QWERTY**（クゥォーティー）**配列**（**図** 9.8 (a)）だといわれている（最上段に，QWERTY とあるのでそう呼ばれている）。また，一説によると，最上段の列だけで，typewriter と打てたこともセールスポイントであったようである。この配列は 1882 年か

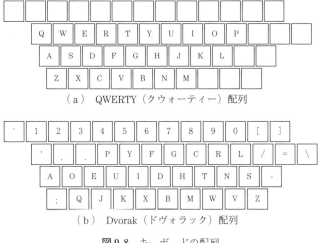

（ a ）　QWERTY（クゥォーティー）配列

（ b ）　Dvorak（ドヴォラック）配列

図 9.8　キ ー ボ ー ドの配列

ら標準的に使われるようになっていった。そして，ワープロやパソコンが登場してからも，QWERTY 配列が使われ続けることになる。

　この配列に疑問を持ったワシントン大学の August Dvorak は，1932 年に英語入力において最も効率の良い配置，**ドヴォラック配列**（図 9.8（b））を発案した。これは，中段に使用頻度の高いキーを配置し，母音が左側に集中するようにしたものである。ドヴォラックの研究によると，QWERTY 配列よりも効率的に英語を入力できることが示されている。しかし，ドヴォラック配列は普及しなかった。なぜなら，多くのユーザは QWERTY 配列に慣れていたからである。そして，現在に至るまで，QWERTY 配列を採用し続けている。元々は，タイプライターという機械の都合に，人が合わせる形で考案された非効率な配列が，**事実上の標準**（de-facto standard）となったのである。

演 習 問 題

〔**9.1**〕　身の回りの観察から，間違った操作や行動を誘発するアフォーダンスを見つけ，その解決策を考案せよ。

〔**9.2**〕　フェールセーフ，フールプルーフの考えに基づいた設計の例を挙げよ。

〔**9.3**〕　キーボードの配列など，人にとって最適でないがデファクトスタンダードとなっている設計の例を挙げよ。

10章 信頼性設計

◆本章のテーマ

設計した機械が，故障することなく機能を確実に遂行することは，目的の達成だけでなく，安全などの観点からも重要である。本章の目的は，機械設計における信頼性の考え方を理解するとともに，信頼性の解析，評価方法や，信頼性の高い機械を設計する方法の基本を学ぶことである。

◆本章を学ぶと以下の内容をマスターできます

☞ 機械設計における信頼性の考え方
☞ 信頼性を数値的に表現する代表的な信頼性特性値
☞ 信頼性ブロック図とそれに基づく信頼性の評価
☞ 故障事象を系統的に解析し，可能性のある原因を同定する故障木解析の方法
☞ 信頼性設計の方針の分類

10.1 信　頼　性

　信頼性（reliability）は，「**アイテム**（item）が，与えられた条件の下で，与えられた期間，故障せずに要求機能を遂行できる能力」などと定義される[1]。ここでアイテムとは，部品，構成品，デバイス，装置，機能ユニット，機器，サブシステム，システムなどであり，ハードウェア，ソフトウェア，または両者で構成され，人間を含む場合もある。また，アイテムは故障後に修理される**修理アイテム**（repairable item）と，故障後に修理せず交換される**非修理アイテム**（non-repaired item）に分類される。ソフトウェアアイテムは修理アイテムとして扱うことができる。

　信頼性設計（reliability design）は，アイテムの信頼性を設計段階で解析し，目標とする信頼性を持つように設計することをいう。信頼性設計の簡単な例として，アイテムの強度と，そのアイテムの使用時に作用する負荷の関係を考える（**図 10.1**）。設計され大量生産されるアイテムの強度は，個体ごとに一定の統計分布を有する。一方，使用時にアイテムに作用する負荷も，不確定要因を考慮して一定の統計分布が想定される。**故障**（failure）は，アイテムが要求機能を実行する能力を失うことであり，この場合は強度が負荷を下回る状態が故障であると考えられる。この場合，つぎのような信頼性設計の内容が考えられる。

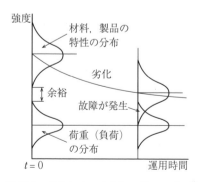

図 10.1　ストレス‒ストレングスモデル[2]

① 強度と負荷の統計分布を考慮した上で，初期状態において一定以上の余裕が存在するように，アイテムの形状，構造，寸法，材料などを設計する。

② アイテムは一般的に，時間の経過に伴って，形状の摩耗，材料のさびや腐食，組立状態の緩みなど，強度や性能が劣化し，故障が発生しやすくなる。摩耗や緩みが発生しにくい形状や構造，さびや腐食が生じにくい材料などの工夫をすることにより，故障発生までの時間を長くしたり故障発生の程度を小さくしたりする。

③ 故障状態が発生した場合に，部品の修理や交換によりアイテムの強度を回復させ，故障がない状態に復帰できるように，アイテムの形状や構造を設計しておく。

10.2 | 信頼性特性値

数量的に表した信頼性の尺度を総称して**信頼性特性値**（reliability characteristics）といい，それらを用いることにより，アイテムの信頼性を評価，解析したり，設計においてアイテムの信頼性の目標を設定したりすることが可能となる。信頼性特性値の例を以下に示す。

10.2.1 信 頼 度

アイテムが，与えられた条件の下で，与えられた時間間隔 (t_1, t_2) に対して，要求機能を実行できる確率を**信頼度**（reliability）という。通常は時間間隔 $(0, t)$ を考え，それを $R(t)$ で表す。値が大きい方が信頼性が高い。

10.2.2 故障分布関数

時刻 t までにアイテムが故障する確率を，**故障分布関数**（failure distribution function）または**不信頼度**（unreliability）といい，$F(t) = 1 - R(t)$ で表される。値が小さい方が信頼性が高い。

10.2.3 故 障 率

当該時点で可動状態にあるアイテムの，当該時点での単位時間当りの故障発生率を**故障率**（failure rate）といい，次式の $\lambda(t)$ で表される。値が小さい方が信頼性が高い。

$$\lambda(t) = \frac{-\dfrac{\mathrm{d}R(t)}{\mathrm{d}t}}{R(t)}$$

故障率は，一般に三つのパターンが時間経過とともに順次現れることが多い。

初期故障期間（early failure period）　　運用初期において，設計，製造上の欠陥などのため，故障率が後に続く期間より著しく高い。

偶発故障期間（random failure period）　　初期故障が取り除かれた後，アイテムが安定した稼動状態にあり，故障の発生が偶発的で故障率がほぼ一定。

摩耗故障期間（wear-out failure period）　　アイテムが時間とともに劣化し，故障率が上昇する。

この傾向は洋式の浴槽の形に似ていることから，**バスタブ曲線**（bathtub curve）と呼ばれる（図 10.2）。

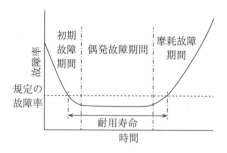

図 10.2　バスタブ曲線 [3]

信頼性の解析において，故障分布関数としていろいろな確率分布関数を仮定することが行われる。初期故障期間を経た後は，故障率はほぼ一定になると考

えられるため，$\lambda(t) = \lambda_0 (t \geqq 0)$ とすると

$$R(t) = e^{-\lambda_0 t}$$

$$F(t) = 1 - e^{-\lambda_0 t}$$

が得られ，これは**指数分布**（exponential destribution）と呼ばれる[3]。

10.2.4 故障までの平均動作時間

非修理アイテム i について，動作可能状態になった時点から故障するまでの，全動作時間 t_i の期待値 $\dfrac{1}{n}\sum_i t_i$ を，**故障までの平均動作時間**（mean operating time to failure, MTTF）という（図 10.3 (a)）。値が大きい方が信頼性が高い。

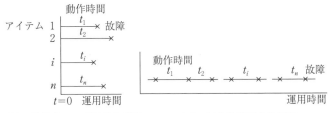

(a) 故障までの平均動作時間　　　(b) 平均故障間動作時間

図 10.3 動作時間に関する信頼性特性値

10.2.5 平均故障間動作時間

修理アイテムについて，連続する二つの故障間の動作時間 t_i の期待値 $\dfrac{1}{n}\sum_i t_i$ を，**平均故障間動作時間**（mean operating time between failures, MTBF）という（図 10.3 (b)）。値が大きい方が信頼性が高い。

10.3 | 信頼性ブロック図

あるアイテムを構成する複数の下位アイテムの故障状態が，そのアイテムの故障状態を生じる仕組みを示したブロック図を**信頼性ブロック図**（reliability

(a) 直列系　　　　　(b) 並列系

図 10.4　信頼性ブロック図 [3)]

block diagram）という（**図 10.4**）。

　n 個の下位アイテムから成るアイテムについて，下位アイテム i の信頼度を R_i，不信頼度を F_i，アイテムの信頼度を R とすると，**直列系**（series system）（図 10.4（a））では

$$R = \prod_{i=1}^{n} R_i$$

となり，一般に n が増加するとアイテムの信頼度が低下する。この場合，信頼性を高める設計としては，機能の共通化による簡素化，単純化，構造の一体化など，構成要素を削減することが考えられる [2)]。

　一方，**並列系**（parallel system）（図 10.4（b））では

$$R = 1 - \prod_{i=1}^{n} F_i$$

となり，一般に n が増加するとアイテムの信頼度が増加する。この場合は，つぎのような冗長系（並列化）による高信頼度化が考えられるが，並列化による要素数の増加は一般にコスト，重量，サイズなどの増加につながるため，それを含めて検討する必要がある [4)]。

　〔1〕**冗　　　長**　　アイテム中に，要求機能を遂行するための二つ以上の手段が存在する状態を**冗長**（redundancy）という。

　〔2〕**常 用 冗 長**　　要求機能を遂行するため，すべての手段が同時に動作するように意図された冗長を**常用冗長**（active redundancy）といい，一般的に高コストとなる。

　〔3〕**待 機 冗 長**　　要求機能を遂行するために手段の一部が動作し，その

間，手段の残りの部分は必要となるまで動作しないように意図された冗長を**待機冗長**（stand-by redundancy）という。

〔4〕 ***m*-out-of-*n* 冗長**　*n* 個の同じ機能の構成要素中，少なくとも *m* 個が正常に動作していれば，アイテムが正常に動作するように構成してある常用冗長を，***m*-out-of-*n* 冗長**（*m*-out-of-*n* redundancy）という。$m > n/2$ となるように構成した場合を**多数決冗長**（voting redundancy）という。

10.4 │ 故 障 木 解 析

信頼性設計を行うためには，アイテムの信頼性を設計段階で解析する必要がある。そのための方法の一つが，**故障木解析**（fault tree analysis，FTA）である（**表** 10.1）。故障木解析では，アイテムにおいて生じうる故障事象を頂上事象とし，その原因となる下位の事象を，論理和（OR ゲート）および論理積（AND ゲート）により，基本事象または未展開事象に達するまで展開してい

表 10.1　故障木のおもな構成要素 [3)]

名　称	説　明	記　号
事　象	頂上事象または中間事象	
基本事象	最小レベルの基本的な事象。発生確率が単独で得られる事象。何を基本事象とするかには任意性がある。	
未展開事象	基本事象ではなく，多くの要因をその中に含むが，現時点では知識の不足により展開できないか，あるいは実用的に一まとめで考えた方がよいもの。	
OR ゲート	入力事象のうち一つが存在するとき，出力事象が発生する。 論理和 OUT = $IN_1 \lor IN_2$ 確率 $P(OUT) = 1 - [1 - P(IN_1)] \cdot [1 - P(IN_2)]$ 個々の事象の確率が小さい場合 $P(OUT) \approx P(IN_1) + P(IN_2)$	
AND ゲート	入力事象すべてが存在するときのみ出力事象が発生する。 論理積 OUT = $IN_1 \land IN_2$ 確率 $P(OUT) = P(IN_1 \cdot P(IN_2)$	

く。結果として得られる故障事象の木構造を**故障木**（fault tree）といい，これは**論理木**（logic tree）や**事象木**（event tree）の一種である。故障木の例を**図 10.5** に示す。故障木解析の目的，利点は，故障の要因となる重要な事象を洗い出せることと，システムの信頼性を定性的，定量的に評価できることである。

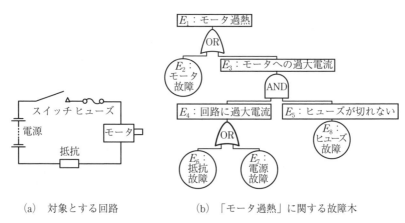

（a）　対象とする回路　　　　（b）　「モータ過熱」に関する故障木

図 10.5　故障木の例 [5]

10.4.1　システムの信頼性の定性的評価

図 10.5（b）の故障木の内容は，つぎの論理式で表現することができる。

$$E_1 = E_2 \lor ((E_6 \lor E_7) \land E_8) \tag{10.1}$$

ここで，ブール代数の分配律

$$(X \lor Y) \land Z = (X \land Z) \lor (Y \land Z)$$

$$(X \land Y) \lor Z = (X \lor Z) \lor (Y \lor Z)$$

を用いて，式（10.1）を積和標準形式（論理積∧の論理和∨）に変形すると

$$E_1 = E_2 \lor (E_6 \land E_8) \lor (E_7 \land E_8) \tag{10.2}$$

が得られる。式（10.2）で得られた論理積の構成要素 $\{E_2\}$，$\{E_6, E_8\}$，$\{E_7, E_8\}$ は，それぞれ頂上事象 E_1 を発生させる必要最小限の基本事象の集合となっており，これを**最小カットセット**（minimal cut set）という。

同様にして，ヒューズがない回路の故障木（**図 10.6**）について考えると，
故障木の論理式

$$E_1 = E_2 \vee (E_4 \vee E_5)$$

から，積和標準形

$$E_1 = E_2 \vee E_4 \vee E_5$$

と，最小カットセット $\{E_2\}$，$\{E_4\}$，$\{E_5\}$ が得られる。

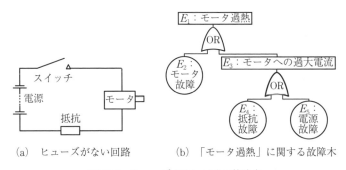

(a) ヒューズがない回路　　(b) 「モータ過熱」に関する故障木

図 10.6 ヒューズがない回路の故障木

通常，故障事象は発生する確率がそれなりに低く設計されているので，要素
数の多い最小カットセットの方が成立しにくいと考えられる。そのため，それ
ぞれの故障木における基本事象が生じる確率が定量的に得られていなくても，
図 10.6 について得られた $\{E_2\}$，$\{E_4\}$，$\{E_5\}$ よりは図 10.5 について得られた
$\{E_2\}$，$\{E_6, E_8\}$，$\{E_7, E_8\}$ の方が生じにくい。すなわち，図 10.5 (a) の回路
の方が図 10.6 (a) の回路より「モータ過熱」という頂上事象を生じにくいで
あろうという，定性的な評価を行うことができる。

10.4.2 システムの信頼性の定量的評価

一方，それぞれの故障木における基本事象の確率が定量的に得られていれ
ば，表 10.1 の式を用いて，図 10.5 (b) の頂上事象の確率 $P(E_1)$ は

$$P(E_1) = 1 - [1 - P(E_2)] \cdot [1 - P(E_3)]$$

$$P(E_3) = P(E_4) \cdot P(E_5)$$

$$P(E_4) = 1 - [1 - P(E_6)] \cdot [1 - P(E_7)]$$

$$P(E_5) = P(E_8)$$

図 10.6（b）の頂上事象の確率は

$$P(E_1) = 1 - [1 - P(E_2)] \cdot [1 - P(E_3)]$$

$$P(E_3) = 1 - [1 - P(E_4)] \cdot [1 - P(E_5)]$$

で計算できる。

10.5 信頼性設計の方針

以上の内容を踏まえ，信頼性設計の方針はつぎの三つに大別される[3]。

① 故障が発生しないようにする。

・故障の可能性の解析と原因の除去

・要素の信頼性向上

・要素数の低減

・構造の簡素化

・余裕の向上

・操作性の向上による誤操作の防止（9章）

② 故障が発生しても，なるべく機能を保てるようにする。

・並列化

・冗長化

③ 故障が発生しても，ただちに機能回復のための修理ができるようにする。

・故障検知性の向上

・修復性の向上

・分解，組立性の向上

演 習 問 題

〔**10.1**〕 「バスタブ曲線」とは何か，簡潔に説明せよ。

〔**10.2**〕 設計において，アイテムの機能実現の過程を並列化することの利点と注意点を挙げよ。

〔**10.3**〕 図 10.5 および図 10.6 の故障木において，「モータ故障」と「電源故障」の確率を 0.02，「抵抗故障」と「ヒューズ故障」の確率を 0.01 としたとき，それぞれの故障木における頂上事象の確率を求めよ。

11章 最適設計・ロバスト設計

◆本章のテーマ

設計においては，大きさ，重さ，コストなど，決められた条件の範囲内で，できるだけ優れた性能を発揮する製品を実現することが望ましい。また，設計された機械の製作や使用においては，誤差や，温度，振動，荷重条件など不確定要因が存在し，それらを想定した上で最良の設計を行うことが望ましい。本章の目的は，そのような最良の設計を行うための，最適設計，ロバスト設計の基本的な考え方を学ぶことである。

◆本章の構成（キーワード）

11.1 最適設計
　　　設計変数，状態変数，制約条件，目的関数，費用対効果，コストパフォーマンス
11.2 ロバスト設計
　　　ロバスト性，誤差，不確定要因

◆本章を学ぶと以下の内容をマスターできます

☞ 与えられた条件の範囲内で最良の設計を行う方法
☞ 可能性のある誤差や不確定要因までを考慮して最良の設計を行う方法

11.1 最 適 設 計

最適設計（optimal design）とは，多数の設計案の中から，与えられた条件の範囲内で，設計の目標を反映した評価基準に照らし合わせて，最良のものを決めることである[1]。例えば，強度と軽量性，高性能と低コストなど，相反する要求について，設計の目標に合わせて最良のバランスを決定する場合などに用いられる。

最適設計問題は，**表 11.1** に示す要素により，「与えられた制約条件の下で，目的関数の値を最小（最大）にする設計変数の値を求める問題」ということができる。設計変数は設計問題の内容により，連続量をとる**連続変数**（continuous variable），整数など離散量をとる**離散変数**（discrete variable）の場合がある。

表 11.1 最適設計の要素と数学的表現[1]

用 語	定 義	数学的表現
設計変数 （design variable）	設計の内容を決定する変数（例：寸法，材質，加工方法など）	変数 $x_i (i = 1 \cdots I)$ $x_1, \cdots x_i, \cdots x_I$ またはベクトル $X = \{x_1, \cdots x_i, \cdots x_I\}$
状態変数 （state variable）	設計対象の状態を表す変数（例：生じる変位，応力など）	設計変数の関数 $S_j(X) = S_j(x_1, \cdots x_i, \cdots x_I)$ $(j = 1 \cdots J)$
制約条件 （constraint）	設計変数や状態変数が満たさなければならない条件	$g_k(X) = g_k(x_1, \cdots x_i, \cdots x_I) \leq 0$ $(k = 1 \cdots K)$
目的関数 （objective function）	値が最小（最大）化されたとき，設計の内容が最良となるような，設計内容の評価指標	$f_h(X) = f_h(x_1, \cdots x_i, \cdots x_I)$ $(h = 1 \cdots H)$

ここで例として，スツールの設計を考える。なお，この例は最適設計の考え方を簡潔に説明するために想定したものであり，現実の製品設計とは異なる部分もあることに注意されたい。

いま，円形座面に n 本の脚を正 n 角形状に取り付けたスツールを単品生産するものとし，それを設計することを考える（**表 11.2**）。

表 11.2　円形座面 n 脚スツール

脚　数 n	3	4	5	6	7	8
構　造						

　ここで，着座者の姿勢により変わる身体の重心位置を，垂直下向きに投影した線を考える。その線が脚 n 本が構成する正 n 角形内（表 11.2 の網掛け部分）に落ちるとき，このスツールは転倒せず安定であり，正 n 角形外に落ちるときは，不安定となり転倒する可能性がある。したがって，円形座面の面積 A_0 に対する正 n 角形の面積 $A(n)$ の割合 $s(n) = A(n)/A_0$ は，このスツールの安定性を表す一つの指標となる。$n = 3 \sim 8$ における $s(n)$ の値を**表 11.3**に示す。

表 11.3　円の面積に対する内接正 n 角形の面積の割合 $s(n)$

n	3	4	5	6	7	8
$s(n)$	0.413	0.637	0.757	0.827	0.871	0.900

　つぎに，このスツールの製作費用を考える。問題を簡単にするために，円形座面 1 枚の材料・加工費，脚 1 本の材料・加工費が等しく C_0 であるとする。また，脚の製作については，本数によらず全体で共通のジグなどの経費 aC_0 がかかるものとする。脚を円形座面に取り付ける費用は無視できるものとすると，この円形座面 n 脚スツール 1 台の製作費は $c(n) = (1 + a + n)C_0$ となる。

　さて，スツールは安定性が高い方が良いため，脚の数 n は大きい方が有利である。一方，費用は安い方が良いので，n は小さい方が有利である。したがって，脚の数 n は安定性の高さと費用の安さという二つの要求に関して，相反する効果を持つことがわかる。このような場合の一つの考え方は，効果を

費用で割った**費用対効果，コストパフォーマンス**（cost performance）を考えることである。費用対効果は，要する費用が同じであれば，それにより得られる効果，性能が高い方が値が大きくなり，効果，性能が同じであれば，それに要する費用が小さい方が値が大きくなる。円形座面 n 脚スツールの設計においては，安定性を費用で除した $cp(n) = s(n)/c(n)$ が費用対効果の一つとなる。

この問題を最適設計問題として考えると，**表 11.4** のようになる。

表 11.4 円形座面 n 脚スツールの最適設計問題

設計変数	脚の本数 n
状態変数	安定性の指標 $s(n)$，費用 $c(n)$
制約条件	安全のため安定性の下限 $s_{\min}$ を設定する。 $s_{\min} - s(n) \leq 0$
目的関数	費用対効果を最大化することを考える。 $cp(n) = s(n)/c(n)$

いま，$a = 1.0$ としたときの，$n = 3 \sim 8$ における安定性の指標 $s(n)$ と，$n = 3$ の場合の費用対効果 $cp(3)$ に対する相対費用対効果 $cp(n)/cp(3)$ の比較を**図 11.1** に示す。安定性の指標は n とともに単調増加するが，相対費用対効果は $n = 5$ において 1.31 で最大となり，$n = 4$ において 1.28 がそれに次

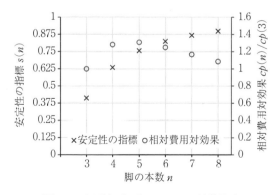

図 11.1 円形座面 n 脚スツールの最適設計

ぐ。したがって，$cp(n)$ を目的関数とした場合には設計変数 $n = 5$ が最適設計となる。もし安定性を重視し，制約条件として例えば $0.5 - s(n) \leqq 0$ を考慮すると，図 11.1 から $n = 3$ は制約条件により解候補から除外される。

11.2 ロバスト設計 [1]

設計においては，加工時の寸法の誤差や，温度や振動，荷重などの使用条件，経時変化など，誤差や変動，不確定要因が存在する。理想的な条件においては優れた性能を発揮するが，誤差や変動，不確定要因が存在すると大幅に性能が低下するような設計は，現実においては望ましくないことが多い。製品の性能がそのような誤差や変動，不確定要因の影響を受けにくい性質を**ロバスト性**（robustness），頑健性といい，製品がロバスト性を有するように設計することを，**ロバスト設計**（robust design）という。ロバスト設計は，可能性のある誤差や変動，不確定要因までを考慮した上で，最適設計を行うものと考えることもできる。例えば，「1.3　設計の例：空き飲料容器選別システム」において挙げた，「飲料容器に光を当て，透過すればガラス瓶か PET ボトル，しなければスチール缶かアルミ缶であると選別する」という方法は，ガラス瓶や PET ボトルの表面のラベルシールのはがし残しの有無という不確定要因に対してロバストでない設計，と考えることができる。

ロバスト設計の数理的な表現の例として，再び前述の円形座面 n 脚スツールを単品生産する場合を考える。平面は空間中の同一線上にない 3 点により規定されるので，脚が 3 本の場合はすべての脚は必ず床平面に接地する。しかし，脚の数 n が 4 以上の場合は，脚の長さや取付け角度の誤差などにより，n 本の脚すべては床平面に同時に接地せず，そのままでは不良品となる可能性が考えられる。そのような不良品の発生を避けるために，まず n 本の脚を仮に取り付けて接地の有無を確認し，接地しない脚については接地するように調整作業を行うものとする。その場合，n 本の脚のうちいずか 3 本が規定する平面に，残りの $n - 3$ 本が接地するように調整すると考えると，調整が必要な脚

の本数は，最善の場合は0，最悪の場合は $n-3$ となる。脚1本の調整に，脚の材料・加工費 C_0 にある割合 b を乗じたコスト bC_0 がかかるとすると，円形座面 n 脚スツールの製作費用 $c(n)$ は $(1+a+n)\ C_0 \leqq c(n) \leqq (1+a+n+(n-3)\ b)\ C_0$ の変動を有することになる。いま，$a=1.0$，$b=0.3$ としたときの，$n=3 \sim 8$ における相対費用対効果 $cp(n)\ /cp(3)$ の比較を**図11.2**に示す。この図から，$n=3$ の設計は費用対効果が加工精度の影響を受けにくく，加工精度の不確定要因に対するロバスト性が高いことがわかる（ただし，費用対効果の値が小さいため，この問題の解とはならない）。また，$n=5$ の設計の相対費用対効果は，最善の場合の1.31は $n=4$ の1.28を上回るが，最悪の場合の1.20は $n=4$ の1.22を下回っている。このような場合は，$n=4$ と $n=5$ の優劣は自動的には決定できず，何らかの判断が必要となる。例えば，最悪の場合でもできるだけ高い費用対効果を確保する，という考え方によれば，最悪の場合の費用対効果が高い $n=4$ が解となる。

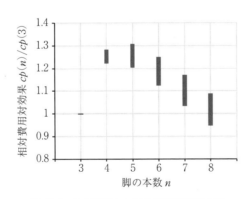

図11.2 目的関数における不確定要因の例

　以上の例では，設計変数 n に対する状態変数である製作費用 $c(n)$ が不確定要因を有するため，目的関数 $s(n)/c(n)$ に不確定要因が含まれた。ロバスト設計においてはそれ以外に，設計変数に不確定要因が含まれる場合もある。**図11.3**において，設計変数 x について目的関数 $f(x)$ が図中の曲線の形をとり，

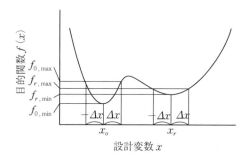

図 11.3 設計変数における不確定要因の例

目的関数の値が小さいほど望ましい設計であるとすると，目的関数を最小にする $x = x_0$ が最適設計の解となる。しかし，加工した機械部品の実際の寸法が誤差を有するように，指定した設計変数の値に実際には $\pm \Delta x$ の誤差が伴う場合には，設計変数 $x = x_0$ に対する目的関数の値は $f_{0,\min} \le f(x) \le f_{0,\max}$ の変動を有する。一方，設計変数 $x = x_r$ とした場合は目的関数の値は $f_{r,\min} \le f(x) \le f_{r,\max}$ となり，最善の場合の $f_{r,\min}$ は $f_{0,\min}$ に劣るが，最悪の場合の $f_{r,\max}$ は $f_{0,\max}$ より優れ，またばらつきの幅 $f_{r,\max} - f_{r,\min}$ は $f_{0,\max} - f_{0,\min}$ よりも小さいため，$x = x_r$ が $\pm \Delta x$ の不確定要因を考慮したロバスト設計の解と考えることができる。

 以上のように，設計においては必要に応じて，理想的な条件での最適設計を考えるだけではなく，可能性のある誤差や不確定要因に対してロバストな設計を行う。

演 習 問 題

〔**11.1**〕 水平断面が矩形で，その周長が C で一定の柱を考える。最大の垂直圧縮荷重を支持できる柱の断面形状を求めよ。

〔**11.2**〕 図 11.2 において，最善の場合の相対費用対効果は図 11.1 と等しいため，$n = 5$ が $n = 4$ を上回っている。したがって，最悪の場合の相対費用対効果において $n = 5$ が $n = 4$ と同等以上であれば，$n = 5$ が総合的なロバスト設計の解となる。そうなるための，脚の調整に要するコストを決める係数 b の条件を求めよ。ただし，係数 $a = 1.0$ とする。

引用・参考文献

1章

1) Simon, Herbert A. 著, 稲葉元吉, 吉原英樹訳:システムの科学 第3版, パーソナルメディア（1999）
2) 冨山哲男:設計の理論, 岩波書店（2000）
3) Pahl, Gerhard and Beitz, Wolfgang 著, Wallace, Ken 編, 設計工学研究グループ訳:工学設計, 培風館（1995）
4) 日本機械学会編:機械工学便覧 デザイン編 β1 設計工学, 日本機械学会（2007）
5) 日本機械学会編:機械工学便覧 応用システム編 γ10 環境システム, 日本機械学会（2008）
6) インバース・マニュファクチャリング・フォーラム監修:インバース・マニュファクチャリング ハンドブック, 丸善（2004）
7) 中島尚正:機械設計―基本原理からマイクロマシンまで, 東京大学出版会（1993）
8) 木村英紀:ものつくり敗戦, 日本経済新聞出版社（2009）

2章

1) 落合庄治郎, 北條正樹, 藤田静雄, 伊藤靖彦:材料特性と材料選択, 岩波書店（2000）
2) 佐々木雅人:機械材料入門 第3版, オーム社（2018）
3) 日本機械学会編:機械工学便覧 デザイン編 β2 材料学・工業材料, 日本機械学会（2006）
4) 日本機械学会編:機械材料学, JSME テキストシリーズ, 日本機械学会（2008）
5) 日本機械学会編:機械実用便覧 改訂第7版, 日本機械学会（2011）
6) 武田信之:JIS 対応 機械設計ハンドブック, 共立出版（2014）
7) 日本機械学会編:機械工学便覧 デザイン編 β8 生体工学, 日本機械学会（2007）
8) 日本機械学会編:加工学 I −除去加工−, JSME テキストシリーズ, 日本機械学会（2006）
9) 西村仁:加工材料の知識がやさしくわかる本, 日本能率協会マネジメントセンター（2013）

3章

1) 中島尚正：機械設計—基本原理からマイクロマシンまで，東京大学出版会（1993）
2) 日本機械学会編：機械工学便覧 デザイン編 β4 機械要素・トライボロジー，日本機械学会（2005）
3) 日本機械学会編：機械要素設計，JSME テキストシリーズ，日本機械学会（2017）
4) 武田信之：JIS 対応機械設計ハンドブック，共立出版（2014）
5) JIS B 0901：1977　軸の直径，日本規格協会

4章

1) 佐々木信也，志摩政幸，野口昭治，平山朋子，地引達弘，足立幸志，三宅晃司：はじめてのトライボロジー，講談社（2013）
2) 中島尚正：機械設計，東京大学出版会（1993）
3) NSK，転がり軸受（2005）
4) 日本機械学会編：機械工学便覧 デザイン編 β4 機械要素・トライボロジー，日本機械学会（2005）
5) 日本機械学会編：機械要素設計，JSME テキストシリーズ，日本機械学会（2017）

5章

1) 日本機械学会編：機械工学便覧 デザイン編 β4 機械要素・トライボロジー，日本機械学会（2005）
2) 中島尚正：機械設計—基本原理からマイクロマシンまで，東京大学出版会（1993）
3) 吉本成香，野口昭治，岩附信行，清水茂夫，下田博一：機械設計—機械の要素とシステムの設計，オーム社（2013）
4) 協育歯車工業株式会社カタログ

日本規格協会：JIS ハンドブック 機械要素（ねじを除く），日本規格協会（2017）

6章

1) 中島尚正：機械設計—基本原理からマイクロマシンまで，東京大学出版会（1993）
2) 吉本成香，野口昭治，岩附信行，清水茂夫，下田博一：機械設計—機械の要素とシステムの設計，オーム社（2013）

　日本機械学会編：機械工学便覧 β4　機械要素，日本機械学会（2005）
　日本規格協会編：JIS ハンドブック 機械要素，日本規格協会（2017）

7章

1) 中島尚正：機械設計—基本原理からマイクロマシンまで，東京大学出版会（1993）

　日本機械学会編：機械工学便覧 β4　機械要素，日本機械学会（2005）
　日本規格協会編：JIS ハンドブック ねじ I，日本規格協会（2006）
　日本規格協会編：JIS ハンドブック ねじ II，日本規格協会（2006）
　吉本成香，野口昭治，岩附信行，清水茂夫，下田博一：機械設計—機械の要素とシステムの設計，オーム社（2013）

8章

　大滝英征：新・機械設計学——設計の完成度向上をめざして，数理工学社（2003）
　川北和明，藤智亮：設計者のための慣性モーメント設計計算，日刊工業新聞社（2006）

9章

1) JIS Z 8521：1999　人間工学——視覚表示装置を用いるオフィス作業　使用性についての手引き（日本規格協会）
2) 横溝克己，小松原明哲：エンジニアのための人間工学，日本出版サービス（2006）
3) Grandjean E：Fitting the task to the man, Taylor & Francis（1985）

4) Donald A. Norman 著，野島久雄訳：誰のためのデザイン？—認知科学者のデザイン原論，新曜社（1990）

5) James J. Gibson 著，古崎敬ほか訳：生態学的視覚論—ヒトの知覚世界を探る，サイエンス社（1985）

6) JIS Z 8115：2019　ディペンダビリティ（総合信頼性）用語（日本規格協会）

7) JIS B 9700-1：2004　機械類の安全性 – 設計のための基本概念，一般原則 – 第1部：基本用語，方法論（日本規格協会）

伊藤謙治，小松原明哲，桑野園子編：人間工学ハンドブック，朝倉書店（2012）

10章

1) JIS Z 8115：2019　ディペンダビリティ（総合信頼性）用語（日本規格協会）

2) 田中健次：入門信頼性，日科技連出版社（2008）

3) 日本機械学会編：機械工学便覧，デザイン編 β1 設計工学，日本機械学会（2007）

4) 清水茂夫：機械系のための信頼性設計入門，数理工学社（2006）

5) 吉川弘之：信頼性工学，精密工学講座 15，コロナ社（1979）

11章

1) 日本機械学会編：機械工学便覧 デザイン編 β1 設計工学，丸善（2007）

演習問題解答

1章

〔1.1〕 **解図1.1** 参照。

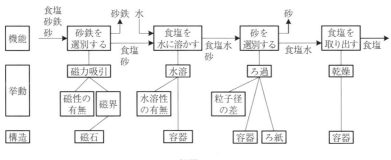

解図1.1

2章

〔2.1〕 強度：荷重に対する材料の全体的な破壊のしにくさ。剛性：荷重に対する材料の全体的な変形のしにくさ。硬さ：材料の表面に局所的に力を加えた場合のへこみや傷のつきにくさ。

〔2.2〕 材料の中で，金属材料は強度が大きく，その中で鉄は，安価であり，リサイクルもしやすいことから，最もよく用いられる。純粋な鉄は，硬さが十分でないことから，目的に応じた量の炭素を加えて，硬さを増したものが用いられる。

〔2.3〕 複合材料は，性質の異なる複数の材料を組み合わせることにより，軽量で強度が大きいなど，単体の材料よりも優れた性質を持つことが利点である。一方，製品のライフサイクル全体を考えると，異なる材料が複合しているため，そのまま廃棄すると環境に悪影響を及ぼす可能性があり，それを避けるために複合した材料を分離するには，コストがかかる可能性があることなどが注意点である。

3章

〔3.1〕 トルク T を，ねじりモーメントの力 F と腕の長さ r で表すと，$T = Fr$ となる。ここで軸を1回転すると，力 F は距離 $2\pi r$ を移動することになるので，そのときの仕事は $2\pi rF$ となる。軸が1秒間に n 回転する場合，その仕事は $2n\pi rF$ とな

り，動力 P は 1 秒間当りの仕事であるので

$$P = 2n\pi rF = 2\pi nT$$

となる。

〔**3.2**〕 式（3.1）を変形し

$$T = \frac{P}{2\pi n}$$

を得る。それを式（3.11）に代入し，中実円形軸であるから $\lambda = 0$ として

$$d \geq \sqrt[3]{\frac{16T}{\pi\tau_a}} = \sqrt[3]{\frac{16P}{2\pi^2 n\tau_a}} = \sqrt[3]{\frac{16 \times 10 \times 10^3}{2\pi^2 \times 10 \times 41 \times 10^6}} = \sqrt[3]{\frac{8}{\pi^2 \times 41 \times 10^3}} = 0.027\,0$$

を得る。強度の点では直径がこの値以上である必要がある。つぎにねじり剛性に関しては，式（3.13）から

$$\frac{\theta}{l} = \frac{T}{GI_p} = \frac{32T}{G\pi d^4} = \frac{16P}{G\pi^2 nd^4} \leq 4.4 \times 10^{-3}$$

を満たす必要がある。これを直径 d について展開し値を計算すると

$$d \geq \sqrt[4]{\frac{16P}{G\pi^2 \times 10 \times 4.4 \times 10^{-3}}} = \sqrt[4]{\frac{16}{81 \times 10^3 \times \pi^2 \times 4.4}} = 0.046\,2$$

を得る。以上の結果から，軸の直径は 46.2 mm 以上である必要があり，この条件を満たす最小の軸径を表 3.3 から求めると，48 mm という結果を得る。

〔**3.3**〕 式（3.11）で $\lambda = 1/2$ とすることにより，中空円形軸の外直径 d_2 について

$$d_2 \geq \sqrt[3]{\frac{16^2 T}{15\pi\tau_a}}$$

が得られ，$\lambda = 0$ とすることにより，中実円形軸の直径 d について

$$d \geq \sqrt[3]{\frac{16T}{\pi\tau_a}}$$

が得られる。最小径として等号の場合を考えると，（外）直径の比は

$$\frac{d_2}{d} \geq \sqrt[3]{\frac{16}{15}} = 1.021\,7$$

となり，2.17% 増となる。材料が同一であるため，質量比は体積比と等しく，長さが同一であるため体積比は断面積比と等しいので，中空円形軸と中実円形軸の断面

積の比を求めると

$$\frac{\frac{\pi}{4}(d_2{}^2 - d_1{}^2)}{\frac{\pi}{4}d^2} = \frac{1 - \left(\dfrac{d_1}{d_2}\right)^2}{\left(\dfrac{d}{d_2}\right)^2} = \frac{1 - \left(\dfrac{1}{2}\right)^2}{\left(\dfrac{15}{16}\right)^{\frac{2}{3}}} = 0.783$$

となり，質量は 21.7% 減となる。

〔3.4〕 式 (3.16) に式 (3.14)，(3.15) を代入し，$\lambda = 0$ とすることにより

$$F \le \frac{c\pi^2 E}{4l^2} \times \frac{\pi d^4}{64}$$

を得る。これを l について展開すると

$$l \le \frac{d^2}{16}\sqrt{\frac{c\pi^3 E}{F}} = \frac{0.08^2}{16}\sqrt{\frac{4\pi^3 \times 206 \times 10^9}{100 \times 10^3}} = 2.02$$

となるので，支持端間距離の条件は 2.02 m 以下となる。

4章

〔4.1〕 軸受の内径は軸の直径と等しいとする。軸を回転するときに軸受から軸に作用する摩擦トルク M は，荷重 P に対して軸受から軸に作用する摩擦力 μP のモーメントであると考えられる（**解図 4.1**）。軸に作用する摩擦力に関して，図中左右方向の釣合いを考え，反作用力が作用すると考えると

$$M = \frac{d}{2}\mu P$$

となり，変形すると式 (4.1) が得られる。

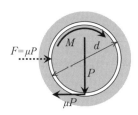

解図 4.1

5章

〔5.1〕 $T = \dfrac{30P}{\pi N}$

〔5.2〕

① ピッチ円直径はそれぞれ 16, 48。

② 20 : 60

③ 1 : 3

〔5.3〕 略

〔5.4〕 略

〔5.5〕 略

6章

〔6.1〕 $T = \dfrac{30P}{\pi N}$

$d > \sqrt[3]{\dfrac{16T}{0.75\pi\tau_a}}$ となる軸径を JIS B 0901 から選定する。その際，用途に応じた安全率をかける。

つぎに，$l = d$ として

$b > \dfrac{2T}{\tau_k d^2}$ かつ $h > \dfrac{4T}{\sigma_k d^2}$ を満たす b と h を JIS B 1301 から選定する。

〔6.2〕 略

〔6.3〕 略

7章

〔7.1〕 $\rho < \beta$

〔7.2〕 略

〔7.3〕

① $\dfrac{\delta_b}{\delta_p} = \dfrac{k_p}{k_b}$

② $W\dfrac{k_p}{k_p + k_b} > F$

8章

〔8.1〕 $E = \dfrac{1}{2}\sum_{i=1}^{n}J_i\left(\dfrac{z_1}{z_i}\right)^2\omega^2$

$J = \dfrac{\rho t\pi}{32}\sum_{i=1}^{n}m^4 z_1^{\,2}z_i^{\,2}$

〔8.2〕 ① $\omega = n\dfrac{2\pi V}{p}$

② $P = \dfrac{4\pi^2 V^2}{tp^2}\left(J_1 n^2 + J_2 + J_s + \dfrac{(M+W)\,p^2}{4\pi^2}\right)$

9章

〔**9.1**〕　略

〔**9.2**〕　略

〔**9.3**〕　略

10章

〔**10.1**〕　アイテムの故障率は，運用初期において，設計，製造上の欠陥などのため高く，その後はアイテムが安定し，故障の発生が偶発的となるためほぼ一定となり，最後は劣化により上昇する。この故障率の傾向を描いたグラフは，洋式の浴槽の似た形となることから，バスタブ曲線と呼ばれる。

〔**10.2**〕　並列系を導入すると，一方が故障しても他方が機能することにより，アイテムの信頼性を上げることができる利点がある。一方で，要素を冗長に保持することになるため，それによるコスト，重量，サイズなどの増加に注意する必要がある。

〔**10.3**〕　図 10.5 (b) の故障木：$E_8 = 0.01$，$E_7 = 0.02$，$E_6 = 0.01$，$E_5 = E_8 = 0.01$，$E_4 = E_6 + E_7 = 0.03$，$E_3 = E_4 \times E_5 = 0.000\,3$，$E_2 = 0.02$，$E_1 = E_2 + E_3 = 0.020\,3$
図 10.6 (b) の故障木：$E_5 = 0.02$，$E_4 = 0.01$，$E_3 = E_4 + E_5 = 0.03$，$E_2 = 0.02$，$E_1 = E_2 + E_3 = 0.05$

11章

〔**11.1**〕　圧縮荷重に対する強度は，生じる応力（荷重／面積）で決まるので，与えられた条件の範囲内で，面積が最大となる断面形状を求めればよい。

前述のスツールの設計は設計変数が離散変数であったのに対し，ここでの設計変数は連続変数である。

設計変数：矩形断面の 2 辺の長さ x, y

制約条件：$2x + 2y = C$

最大化する目的関数：$A = xy$

目的関数に制約条件を代入すると

$$A = \frac{1}{2}\,Cx - x^2$$

$$\frac{dA}{dx} = \frac{1}{2}\,C - 2x$$

x	$x < \dfrac{C}{4}$	$x = \dfrac{C}{4}$	$x > \dfrac{C}{4}$
$\dfrac{dA}{dx}$	$+$	0	$-$

よって，$x = C/4$ で A は最大となり，1 辺が $C/4$ の正方形断面が，求める解である。

〔11.2〕 題意より

$$\frac{s(4)}{(1 + a + 4 + b)C_0} \leqq \frac{s(5)}{(1 + a + 5 + 2b)C_0}$$

が求める条件である。これに $a = 1.0$ を代入し変形すると

$$\frac{s(4)}{6 + b} \leqq \frac{s(5)}{7 + 2b}$$

$$b \leqq \frac{6s(5) - 7s(4)}{2s(4) - s(5)}$$

となる。表 11.3 の $s(4)$，$s(5)$ の値を代入すると

$$b \leqq 0.164$$

となる。図 11.2 における条件 $b = 0.3$ よりも，脚の調整に要するコストを下げることができれば，$n = 5$ がロバスト設計の解となり得る。

なお，この例では費用対効果で比較しているため，$n = 4$ と $n = 5$ の解が拮抗しているが，安定性自体は明らかに $n = 5$ が優れている。設計者，制作者としては，この例題のように，製作プロセスを改善してコストを下げ，安定性に優れた $n = 5$ の製品を社会に提供できるように努力することが望ましいといえるだろう。

索　　引

―――― 著者略歴 ――――

村上　存（むらかみ　たもつ）
1984 年　東京大学工学部機械工学科卒業
1986 年　東京大学大学院工学系研究科修士課程
　　　　　修了（機械工学専攻）
1989 年　東京大学大学院工学系研究科博士課程
　　　　　修了（産業機械工学専攻）
　　　　　工学博士
1989 年　東京大学助手
1990
〜 91 年　米国マサチューセッツ工科大学客員研
　　　　　究員
1990 年　東京大学講師
1993 年　東京大学助教授
1995 年　東京大学大学院助教授
2006 年　東京大学大学院教授
　　　　　現在に至る

柳澤　秀吉（やなぎさわ　ひでよし）
2000 年　東京都立科学技術大学工学部生産情報
　　　　　システム工学科卒業
2002 年　米国カリフォルニア大学ロサンゼルス
　　　　　校国費留学
2004 年　東京都立科学技術大学大学院博士課程
　　　　　修了（インテリジェントシステム専攻）
　　　　　博士（工学）
2004 年　米国カリフォルニア大学ロサンゼルス
　　　　　校客員研究員
2004 年　東京大学大学院助手
2007 年　東京大学大学院助教
2008 年　東京大学大学院講師
2014 年　東京大学大学院准教授
2016
〜 17 年　仏国パリ国立高等工芸学校客員教授
　　　　　（併任）
2017 年　オランダ王国デルフト工科大学客員
　　　　　フェロー
　　　　　現在に至る

機械設計工学
Mechanical Design Engineering　　　　　© Tamotsu Murakami, Hideyoshi Yanagisawa 2020
2020 年 2 月 28 日　初版第 1 刷発行

検印省略

著　者　村　上　　　存
　　　　柳　澤　秀　吉
発行者　株式会社　コ ロ ナ 社
　　　　代表者　牛 来 真 也
印刷所　新 日 本 印 刷 株 式 会 社
製本所　有限会社　愛 千 製 本 所

112-0011　東京都文京区千石 4-46-10
発 行 所　株式会社　コ ロ ナ 社
CORONA PUBLISHING CO., LTD.
Tokyo Japan
振替00140-8-14844・電話(03)3941-3131(代)
ホームページ　https://www.coronasha.co.jp

ISBN 978-4-339-04540-6　C3353　Printed in Japan　　　　　　（横尾）

JCOPY ＜出版者著作権管理機構 委託出版物＞
本書の無断複製は著作権法上での例外を除き禁じられています。複製される場合は，そのつど事前に，
出版者著作権管理機構（電話 03-5244-5088，FAX 03-5244-5089，e-mail: info@jcopy.or.jp）の許諾を
得てください。

本書のコピー，スキャン，デジタル化等の無断複製・転載は著作権法上での例外を除き禁じられています。
購入者以外の第三者による本書の電子データ化及び電子書籍化は，いかなる場合も認めていません。
落丁・乱丁はお取替えいたします。

機械系教科書シリーズ

（各巻A5判，欠番は品切です）

- ■編集委員長　木本恭司
- ■幹　　　事　平井三友
- ■編集委員　青木　繁・阪部俊也・丸茂榮佑

定価は本体価格+税です。

定価は変更されることがありますのでご了承下さい。

図書目録進呈◆

機械系コアテキストシリーズ

(各巻A5判)

■編集委員長　金子 成彦
■編集委員　大森 浩充・鹿園 直毅・渋谷 陽二・新野 秀憲・村上　存（五十音順）

	配本順				頁	本体
材料と構造分野						
A-1	（第1回）	材　料　力　学	渋谷 陽二 / 中谷 彰宏 共著		348	3900円
運動と振動分野						
B-1		機　械　力　学	吉村 卓也 / 松村 雄一 共著			
B-2		振　動　波　動　学	金子 成彦 / 姫野 武洋 共著			
エネルギーと流れ分野						
C-1	（第2回）	熱　　力　　学	片岡 勲 / 吉田 憲司 共著		180	2300円
C-2	（第4回）	流　体　力　学	鈴木 康方 / 関谷 直國 / 彭谷 義樹 / 松島 均 / 沖田 浩平 共著		222	2900円
C-3		エネルギー変換工学	鹿園 直毅 著			
情報と計測・制御分野						
D-1		メカトロニクスのための計測システム	中澤 和夫 著			
D-2		ダイナミカルシステムのモデリングと制御	髙橋 正樹 著			
設計と生産・管理分野						
E-1	（第3回）	機　械　加　工　学　基　礎	松村 隆 / 笹原 弘之 共著		168	2200円
E-2	（第5回）	機　械　設　計　工　学	村上 存 / 柳澤 秀吉 共著		166	2200円

定価は本体価格+税です。
定価は変更されることがありますのでご了承下さい。

‖‖‖‖‖‖‖‖‖‖‖‖‖‖‖‖‖‖‖‖‖‖‖‖‖‖‖‖ 図書目録進呈◆